U0432043

工程力学实验

（第 3 版）

主　编　胥　明　付广龙　李万金

東南大學出版社
SOUTHEAST UNIVERSITY PRESS
·南京·

图书在版编目(CIP)数据

工程力学实验 / 胥明，付广龙，李万金主编.
3 版. --南京 ：东南大学出版社，2024.12. -- ISBN
978-7-5766-1792-4

Ⅰ. TB12 - 33

中国国家版本馆 CIP 数据核字第 2024PZ3102 号

责任编辑：杨　凡　　责任校对：韩小亮　　封面设计：王　玥　　责任印制：周荣虎

工程力学实验(第 3 版)

主　　编：胥　明　付广龙　李万金
出版发行：东南大学出版社
出 版 人：白云飞
社　　址：南京市四牌楼 2 号　邮编：210096
网　　址：http://www.seupress.com
经　　销：全国各地新华书店
排　　版：南京布克文化发展有限公司
印　　刷：江苏凤凰数码印务有限公司
开　　本：787 mm×1 092 mm　1/16
印　　张：7.5
字　　数：208 千字
版　　次：2024 年 12 月第 3 版
印　　次：2024 年 12 月第 1 次印刷
书　　号：ISBN 978-7-5766-1792-4
定　　价：29.00 元

本社图书如有印装质量问题，请直接与营销部联系(电话：025-83791830)。

前言 Preface

近十多年来，力学实验教学发生了很大的变化。在教学理念上，力学实验教学已从过去的辅助力学理论教学转变为一个相对独立的创新能力培养环节；在教学内容上，从过去的验证性和演示性实验扩展到综合性实验和设计性实验；在教学方法上，引入了虚拟仿真实验，扩展了实验教学的仿真技术运用。为适应实验教学的新形势，在教材《工程力学实验》(第2版)的基础上，吸收同类院校实验教学的成果，编写了这本教材。在编写过程中，力图体现以下原则：

1. 在编写指导思想上，坚持传授知识、培养能力、提高素质相协调，加强学生探索精神和创新能力的培养。在基本实验方面，实验步骤的叙述尽可能详尽，具有可操作性，使学生在了解仪器使用后能根据实验教材独立完成实验。在设计性实验方面，只提出设计任务，实验方案由学生自行拟定，培养学生自主学习、研究性学习的能力，进一步锻炼学生在实验中发现问题、解决问题的能力，为学生将来在科学研究或工程实践中解决实际问题提供初步训练。实验中还布置了思考题，让学生思考实验中可能遇到的问题，深化对实验基本原理的理解和应用。

2. 实现实验标准化的要求。在实验教学的内容上，结合当前最新的国家标准，使学生掌握标准中的测试要求。按照国家标准对实验的要求，完善了金属材料拉伸实验、金属材料扭转实验等各项实验测试方法，实现了实验规范化和标准化。

3. 注重前沿实验技术的应用，增加了数字图像相关实验(DIC实验)。

4. 结合自制仪器的开发，部分实验应用自制的实验仪器设备，开发出具有特色的实验项目。

5. 补充了虚拟实验的内容，主要有运载火箭变形测试虚拟仿真实验。虚拟实验内容是直接由科研成果转化而来，与实际工程应用联系紧密，具有较强的工程应用背景。

本教材共安排了20项实验，其中实验1、6、7、8、9、10、11、12由胥明编写，实验2、16、17、18、19、20由付广龙编写，实验3、4、5、13、14、15和附录1—2由李万金编写。全书由胥明统稿。

编　者

2024年9月

前言 Preface

目录 Contents

实验 1 金属材料拉伸实验

金属材料拉伸实验是材料力学课程最基本的实验，通过拉伸实验可以了解金属材料在拉伸时的变化，测定出金属材料基本的力学性能。国家标准 GB/T 228.1—2021《金属材料　拉伸试验　第 1 部分：室温试验方法》，已于 2022 年 7 月 1 日开始实施。本章按新标准对金属材料实验的要求进行编写，与国家标准接轨。

1.1 实验目的

（1）了解并掌握国家标准（GB/T 228.1—2021）所规定的定义和符号、试样、试验要求、性能测定方法。

（2）测定金属材料的上屈服强度 R_{eH}、下屈服强度 R_{eL}、抗拉强度 R_m、最大力总延伸率 A_{gt}、断后伸长率 A 和断面收缩率 Z。

（3）观察和分析金属试样在拉伸过程中的各种现象。

（4）绘制金属材料拉伸时的应力-应变曲线，观察冷作硬化对塑性金属材料力学性能的影响。

（5）了解电子万能材料试验机的工作原理和操作方法。

1.2 实验设备和试样

1.2.1 实验设备

电子万能材料试验机、引伸计、游标卡尺。

1.2.2 试样

拉伸试样的横截面可为圆形、矩形和多边形等截面形状。拉伸试样一般由三部分组成，即工作部分、过渡部分和夹持部分（见图 1-1）。工作部分必须保证光滑且均匀，以确保在拉力作用下材料表面处于单向应力状态。工作部分的长度 L_c 称为平行长度，用于测量试样伸长的平行部分长度称为标距，而在室温条件下，施力前的标距称为原始标距 L_0。过渡部分必须有适当的台肩和圆角，以降低应力集中，防止该处不会发生断裂。试样两端的夹持部分用于传递荷载，其形状和尺寸应与试验机的钳口相匹配。

根据原始标距 L_0 与横截面面积 S_0 之间的关系，拉伸试样可分为比例试样和非比例试样。当原始标距与横截面面积满足关系 $L_0=k\sqrt{S_0}$ 时，称为比例试样。其中，系数 k 称为比例系数，通常为 5.65 和 11.3。前者称为短试样（$L_0=5.65\sqrt{S_0}$），后者称为长试样（$L_0=11.3\sqrt{S_0}$）。对于圆形截面试样，短试样和长试样的原始标距 L_0 分别等于 $5d_0$ 和 $10d_0$（d_0 为试样横截面直径），见图 1-1。非比例试样的原始标距与横截面面积之间则无上述关系。

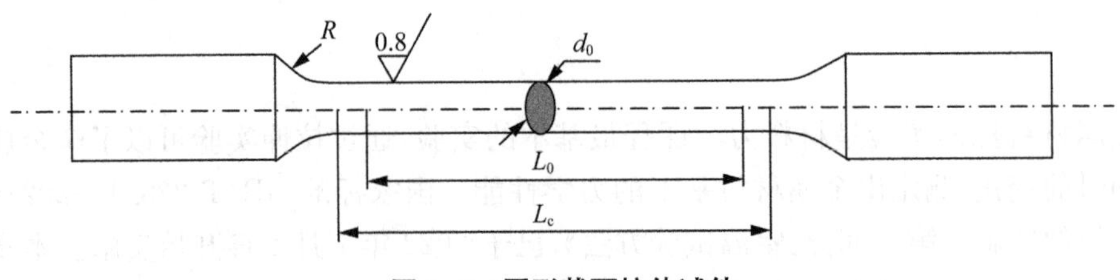

图 1-1　圆形截面拉伸试件

1.3　金属材料（低碳钢）的拉伸实验原理

当试样开始拉伸时，材料首先呈现弹性状态。当荷载超过弹性比例极限时，材料进入屈服阶段，其晶面产生了滑移，就会产生塑性变形。金属的塑性变形主要是由剪应力引起的。屈服阶段的应力-延伸率曲线通常呈水平锯齿状。试样发生屈服且力首次下降前的最大应力称为上屈服强度 R_{eH}，不计初始瞬时效应时的最小应力称为下屈服强度 R_{eL}。由于上屈服点和屈服后第一次下降的最低点（初始瞬时效应）受试样变形速度的影响较大，一般不作为材料的强度指标。当屈服阶段结束后，应力-延伸率曲线开始上升，材料进入强化阶段。若在这一阶段的某一点将荷载卸载至零，则可以得到一条与比例阶段曲线基本平行的卸载曲线；再加载，则加载曲线沿卸载曲线上升。经过卸载和再加载后，材料的弹性比例极限和屈服强度提高、延伸率降低的现象称为冷作硬化。随着荷载的继续增加，曲线上升的幅度逐渐减小，当达到最大值（R_m）后，试样的某一局部横截面开始出现缩小，荷载也随之下降，这一现象通常称为“颈缩”，最后试样在颈缩处断裂。

国家标准中共定义了 12 种可测的拉伸性能，即 6 种塑性性能 A、A_e、A_{gt}、A_g、A_t 和 Z，6 种强度性能 R_{eH}、R_{eL}、R_p、R_t、R_r 和 R_m，见表 1-1。其符号体系与材料力学教材中的符号有很大差别，为便于学习，特将各类符号列表对照，见表 1-2。本实验中需要测定金属材料的上屈服强度 R_{eH}、下屈服强度 R_{eL}、抗拉强度 R_m、最大力总延伸率 A_{gt}，断后伸长率 A 和断面收缩率 Z。测试应在 10～35 ℃下进行。

表 1-1　GB/T 228.1—2021 中 12 种拉伸性能符号说明

强度指标			塑性指标		
符号	说明	单位	符号	说明	单位
R_{eH}	上屈服强度	MPa	A_{gt}	最大力总延伸率	%
R_{eL}	下屈服强度		A_g	最大力塑性延伸率	
R_p	规定塑性延伸强度		A_e	屈服点延伸率	
R_t	规定总延伸强度		A	断后伸长率	
R_r	规定残余延伸强度		A_t	断裂总延伸率	
R_m	抗拉强度		Z	断面收缩率	

表 1-2　标准与材料力学教材的符号对比

GB/T 228.1—2021		材料力学教材	
性能名称	符号	性能名称	符号
—		屈服点	σ_s
上屈服强度	R_{eH}	上屈服点	σ_{sU}
下屈服强度	R_{eL}	下屈服点	σ_{sL}
规定塑性延伸强度	R_p	规定非比例伸长应力	σ_p
抗拉强度	R_m	抗拉强度	σ_b
最大力总延伸率	A_{gt}	最大力下总伸长率	δ_{gt}
断后伸长率	A	断后伸长率	δ
断面收缩率	Z	断面收缩率	ψ

GB/T 228.1—2021 国标中关于延伸的定义，见图 1-2。

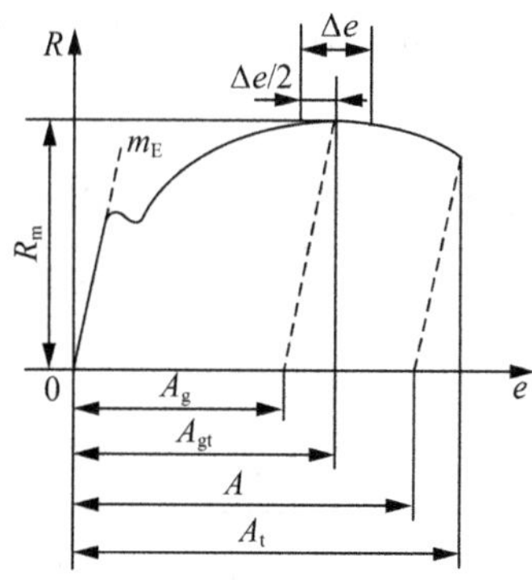

A—断后伸长率；A_g—最大力塑性延伸率；A_{gt}—最大力总延伸率；A_t—断裂总延伸率；e—延伸率；m_E—应力-延伸率曲线上弹性部分的斜率；R—应力；R_m—抗拉强度；Δe—平台范围。

图 1-2　延伸的定义

1.3.1 上屈服强度 R_{eH} 和下屈服强度 R_{eL} 的测定

GB/T 228.1—2021 规定，当金属材料呈现屈服现象时，在试验期间达到塑性变形发生而力不增加的应力点称为屈服强度。屈服强度区分上屈服强度 R_{eH} 和下屈服强度 R_{eL}。

上屈服强度 R_{eH}，指试样发生屈服而力首次下降前的最大应力，见图 1-3。

下屈服强度 R_{eL}，指在屈服期间，不计初始瞬时效应时的最小应力，见图 1-3。

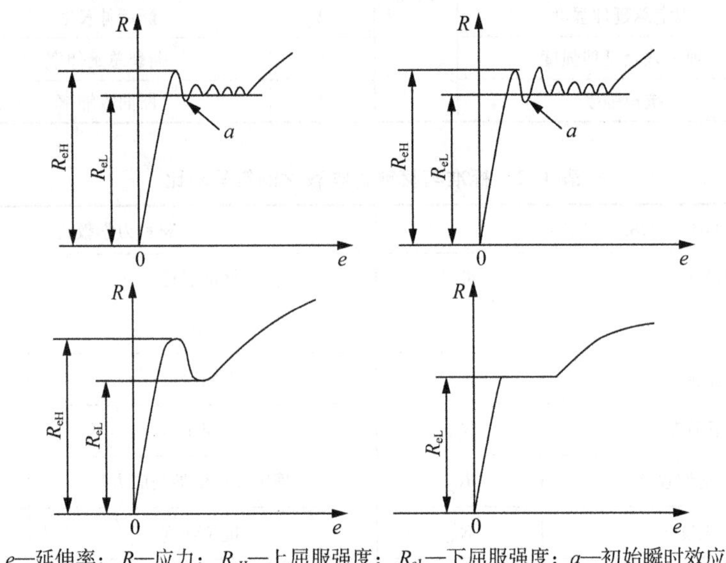

e—延伸率；R—应力；R_{eH}—上屈服强度；R_{eL}—下屈服强度；a—初始瞬时效应。

图 1-3 不同类型曲线的上屈服强度和下屈服强度

GB/T 228.1—2021 规定，测定上屈服强度和下屈服强度的试验速率控制可采用应变速率控制(方法 A)和应力速率控制(方法 B)。需要注意的是，方法 B 要求的试验速率一般应设定在测定性能之前的弹性范围内。

测定上屈服强度，试验机横梁位移速率应尽可能保持恒定，并在表 1-3 规定的应力速率范围内。

表 1-3 应力速率控制规定表

材料弹性模量 E/GPa	应力速率 R/(MPa·s^{-1})	
	最小	最大
<150	2	20
≥150	6	60

如仅测定下屈服强度，在试样平行长度的屈服期间，应变速率应在 0.000 25～0.002 5 s^{-1} 之间。平行长度内的应变速率应尽可能保持恒定。同时，弹性范围内的应力速率不应超过表 1-3 规定的最大速率。

如在同一试验中同时测定上屈服强度和下屈服强度，应满足测定下屈服强度的条件。

上屈服强度的测定：R_{eH} 可以从应力-延伸率曲线图上测得，定义为首次下降前的最大力值所对应的应力，即：

$$R_{eH}=\frac{F_{eH}}{S_0} \tag{1-1}$$

下屈服强度的测定：R_{eL} 可以从应力-延伸率曲线上测得，定义为不计初始瞬时效应时的最小力值所对应的应力，即：

$$R_{eL}=\frac{F_{eL}}{S_0} \tag{1-2}$$

上、下屈服强度位置判定的基本原则如下：

(1) 屈服前的第 1 个峰值应力(第 1 个极大值应力)判为上屈服强度，不管其后的峰值应力比它大或比它小。

(2) 屈服阶段中若呈现两个或两个以上的谷值应力，舍去第 1 个谷值应力(第 1 个极小值应力)，取其余谷值应力中的最小值判为下屈服强度。若只呈现 1 个下降谷，则此谷值应力判为下屈服强度。

(3) 屈服阶段中若呈现屈服平台，则平台应力判为下屈服强度。若呈现多个且后者高于前者的屈服平台，则判第 1 个平台应力为下屈服强度。

(4) 正确的判定结果是下屈服强度低于上屈服强度。

当试验要求测定屈服强度性能，但材料在实际试验中并不呈现出明显的屈服状态(如高强度材料)，而呈现出连续的屈服状态，此种情况材料不具有可测的上(或下)屈服强度。此时，应测定规定非比例延伸强度 $R_{p0.2}$，并注明材料无明显屈服。

1.3.2 规定塑性延伸强度 R_p 的测定

规定塑性延伸强度 R_p，指塑性延伸率等于规定的引伸计标距 L_e 的百分率时对应的应力(应附下角标说明所规定的塑性延伸率，例如，$R_{p0.2}$，表示规定塑性延伸率为 0.2%时的应力)，见图 1-4。

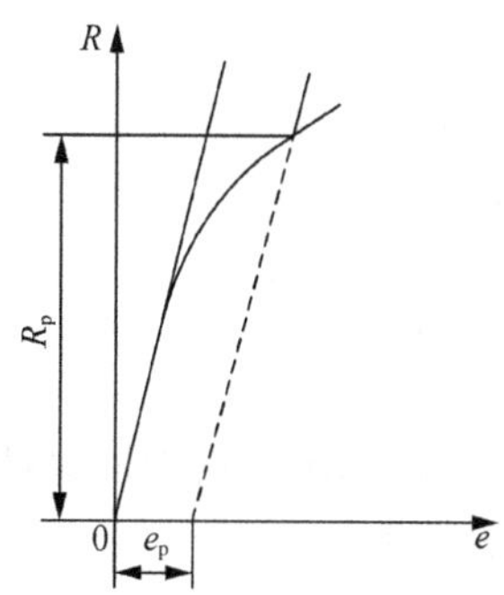

e—延伸率；e_p—规定塑性延伸率；R—应力；R_p—规定塑性延伸强度。

图 1-4 规定塑性延伸强度 R_p

根据应力-延伸率曲线图测定规定塑性延伸强度 R_p。在曲线图上，作一条与曲线的弹性直线段部分平行的直线，且该直线在延伸轴上与弹性直线段的距离等于规定塑性延伸率，例如

0.2%。此平行线与曲线的交截点所对应的应力，就是规定塑性延伸强度 R_p(见图 1-4)。

如应力-延伸率曲线的弹性直线段部分不能明确地确定，可以采用滞后环法或逐步逼近法来测定规定塑性延伸强度，详细方法见 GB/T 228.1—2021 的 13.1 和附录 J。

1.3.3 抗拉强度 R_m 的测定

抗拉强度 R_m 是相应最大力 F_m 对应的应力。测定抗拉强度的速率标准推荐采用 $e_{Lc}=0.0067\ s^{-1}$，相对偏差为±20%的试验速率。

对于无明显屈服(连续屈服)的金属材料，试验期间的最大力判为 F_m；对于有明显屈服(不连续屈服)的金属材料，在加工硬化开始之后，试样所承受的最大力判为 F_m，将最大力 F_m 除以试样的原始横截面积 S_0 得到抗拉强度 R_m，即：

$$R_m=\frac{F_m}{S_0} \tag{1-3}$$

一般情况下抗拉强度 R_m 大于上屈服强度 R_{eH}，某些情况下也可能抗拉强度 R_m 小于上屈服强度 R_{eH}，也有可能无准确的抗拉强度，见图 1-5。

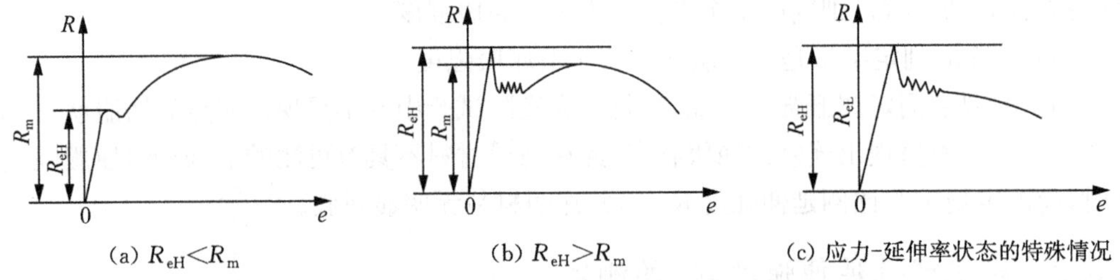

图 1-5 从应力-延伸率曲线测定抗拉强度 R_m 的几种不同类型

1.3.4 最大力总延伸率 A_{gt} 的测定

最大力总延伸率是最大力时的总延伸(弹性延伸加塑性延伸)与引伸计标距之比，以%表示，见图 1-2。

引伸计标距 L_e 应等于或近似等于试样标距 L_0。试验时记录力-延伸曲线，直至力值超过最大力点。测定最大力点的总延伸 ΔL_m，按下式计算最大力总延伸率：

$$A_{gt}=\frac{\Delta L_m}{L_e}\times 100 \tag{1-4}$$

有些材料在最大力时呈现一平台，当出现这种情况，取平台中点对应的最大力的总延伸率。在实验注明中应注明引伸计标距。

1.3.5 断后伸长率 A 的测定

断后伸长率是试样断后标距的残余伸长与原始标距之比，以%表示。将试样断裂部分仔细地配接在一起，使其轴线处于同一直线上，并采取特别措施保持试样断裂部分的良好接触后，测量试样的断后标距。应使用分辨力足够的量具或测量装置测量断后伸长量。

按下式计算：

$$A=\frac{L_u-L_0}{L_0}\times 100 \tag{1-5}$$

式中：L_0——原始标距；L_u——断后标距。

对于比例试样，若原始标距 L_0 不为 $5.65\sqrt{S_0}$，符号 A 应加下脚注说明所使用的比例系数，例如，$A_{11.3}$，表示原始标距 L_0 为 $11.3\sqrt{S_0}$ 的断后伸长率。对于非比例试样，符号 A 应加下脚注说明所使用的原始标距，以毫米（mm）表示，例如，$A_{60\text{ mm}}$，表示原始标距为 60 mm 的断后伸长率。

根据 GB/T 228.1—2021 规定，原则上只有断裂处与最接近的标距标记的距离不小于原始标距的三分之一情况方为有效；否则，应采用移位法测定断后伸长率。移位法规定如下：

(1) 试验前将试样原始标距细分为 5 mm（推荐）到 10 mm 的 N 等份；

(2) 试验后，以符号 X 表示断裂后试样短段的标距标记，以符号 Y 表示断裂试样长段的等分标记，此标距与断裂处的距离最接近于断裂处至标距标记 X 的距离。

如 X 与 Y 之间的分格数为 n，按如下测定断后伸长率：

(1) 如 $N-n$ 为偶数[见图 1-6(a)]，测量 X 与 Y 之间的距离 l_{XY} 和测量从 Y 至距离为 $\frac{N-n}{2}$ 个分格的 Z 标记之间的距离 l_{YZ}。按下式计算断后伸长率：

$$A=\frac{l_{XY}+2l_{YZ}-L_0}{L_0}\times 100 \tag{1-6}$$

(2) 如 $N-n$ 为奇数[见图 1-6(b)]，测量 X 与 Y 之间的距离 l_{XY}，以及从 Y 至距离为 $\frac{1}{2}(N-n-1)$ 和 $\frac{1}{2}(N-n+1)$ 个分格的 Z' 和 Z'' 标记之间的距离 $l_{YZ'}$ 和 $l_{YZ''}$。按下式计算断后伸长率：

$$A=\frac{l_{XY}+l_{YZ'}+l_{YZ''}-L_0}{L_0}\times 100 \tag{1-7}$$

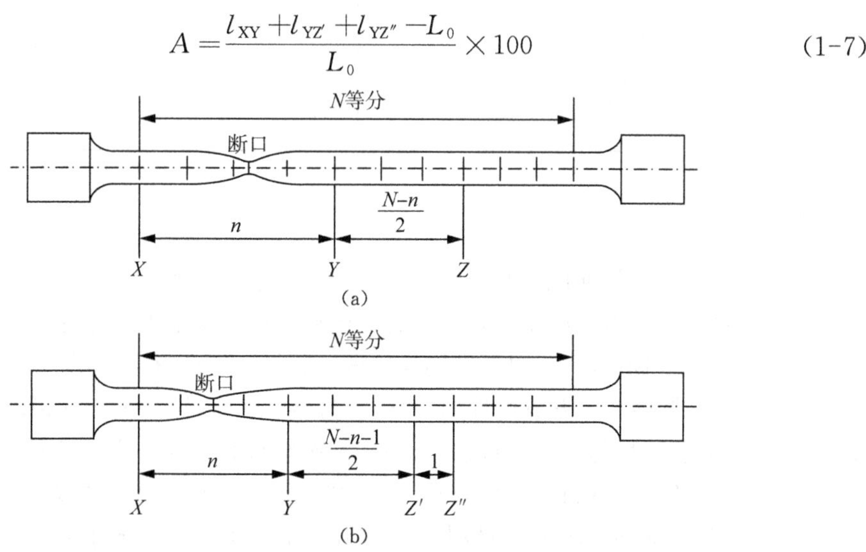

图 1-6　移位法图示说明

能用引伸计测定断裂延伸的试验机，引伸计的标距 L_e 应等于试样的原始标距 L_0。用引伸计系统记录应力-延伸曲线，直至试样断裂。读取断裂点的总延伸，扣除弹性延伸部分后得到断后伸长率。扣除的方法是，过断裂点作平行于曲线的弹性直线段的平行线交于延伸轴，交点即断后伸长率，参见图 1-2。

1.3.6 断面收缩率 Z 的测定

断面收缩率是试样断裂后，试样横截面的最大缩减量(S_0-S_u)与原始横截面积 S_0 之比，以%表示。其中，S_u 为断裂后颈缩处最小横截面积。将试样断裂部分仔细地配接在一起，使其轴线处于同一直线上，然后测定 S_u，且 S_u 的测定应准确到±2%。对于圆形横截面试样，拉断后颈缩处最小横截面不一定为圆形，但一般是将其假定为圆形横截面进行测定；在颈缩最小处两个相互垂直方向上测量直径，取其平均值计算横截面积。对于矩形横截面试样，断面收缩率的测定是假定矩形横截面四个边为抛物线型，横截面的等效面积近似为 $S_u=a_u b_u$，式中 a_u 和 b_u 分别为断裂后颈缩处最小厚度和最大宽度。按下式计算断面收缩率：

$$Z=\frac{S_0-S_u}{S_0}\times 100 \tag{1-8}$$

1.3.7 性能测定结果数值的修约

强度性能值修约至 1 MPa，屈服点延伸率修约至 0.1%，其他延伸率和断后伸长率修约至 0.5%，断面收缩率修约至 1%，见表 1-4；修约的方法按照 GB/T 8170—2008 的规定。

表 1-4 实验结果数值的修约间隔

性能	修约间隔
R(强度性能)	1 MPa
A_{gt}、A_g、A、A_t	0.5%
Z	1%

1.3.8 断口分析

用光滑试件进行拉伸试验时，断裂往往发生在宏观或微观缺陷处，例如成分偏析、夹渣、气泡等，这些属于材料质量问题。若有上述缺陷在试验报告中应注明。

拉伸断口分为韧性断口[以低碳钢为代表，见图 1-7(a)]和脆性断口[以铸铁为代表，见图 1-7(b)]。韧性断口形成过程如下：在颈缩形成之前，拉伸试样标距内各横截面上的应力分布是相同的、均匀的。一旦颈缩开始，颈缩截面上的应力分布就不再与其他截面相同，且其截面上的应力分布不再保持均匀。此时，该处不再是单向受力，而是处于三向受力状态，试样中心部分的轴向应力最大。裂纹开始于试样中心部分萌生，起初会出现许多明显可见的显微孔(微孔)，随后这些微孔增大，聚集而形成锯齿状的纤维断口，通常呈环状。

当此环状纤维区扩展到一定尺寸(裂纹临界尺寸)后,裂纹开始快速扩展而形成放射区。放射区出现后,试样承载面积只剩下最外圈的环状面积,该部分由最大剪应力所切断,形成剪切唇,最终产生典型的杯锥状断口。如图 1-8 所示,断口中心锯齿状部分称为纤维区,断口边缘与轴向成 45°的斜面部分称为剪切唇,纤维区与剪切唇之间光滑平台部分称为放射区。

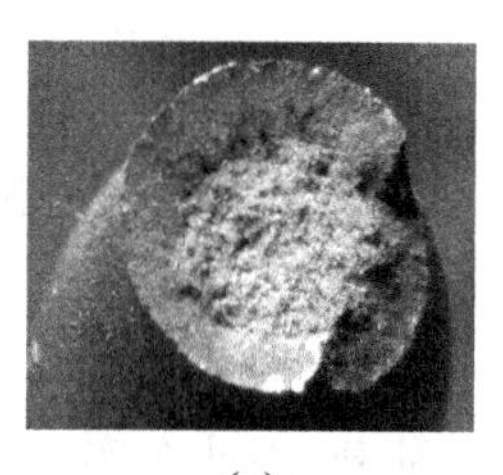

(a)

(b)

图 1-7　断口分析

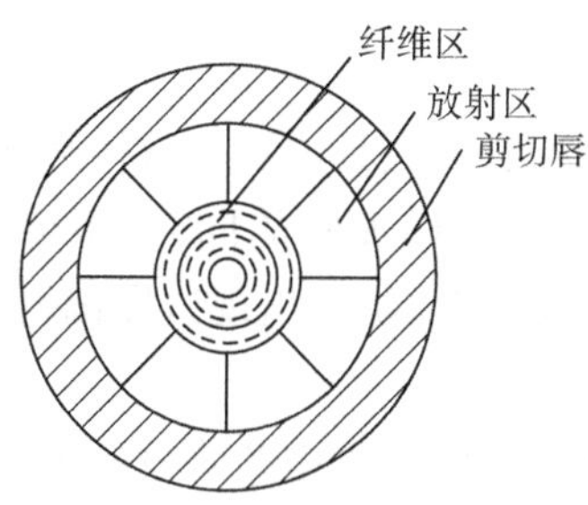

图 1-8　断口三个区域示意图

杯锥状断口的断裂机制主要是剪切断裂。从微观分析,纤维区是由许多小杯锥组成的,每个小杯锥的斜面大致与外力方向成 45°角,因此,纤维区也是被剪断的。对于光滑圆柱拉伸试样的韧性断口,纤维区一般位于断口的中央,呈粗糙的纤维状圆环形花样。杯锥状断口的物理本质是力学因素(应力状态)、物理因素(材料的形变强度和杂质缺陷)和几何因素(断面减小)综合作用的结果。

1.4　金属材料的拉伸实验步骤

(1) 试样测量

国家现行标准 GB/T 228.1—2021 规定,测量试样横截面面积时,在试样平行长度区域最少三个不同位置进行测量;原始横截面积 S_0 是根据测量的实际尺寸计算横截面积的平均值,原始横截面积 S_0 的测定应准确到±1%。对于圆形截面试样,建议用游标卡尺在试样平行长度区域的三个不同截面上测量直径;每个截面处,在互相垂直的两个方向各测一次直径,取其平均值计算截面积;取三个截面积的平均值作为原始横截面面积 S_0。对于矩形截面试样,则是在试样平行区域的三个不同截面上测量宽度和厚度,并计算相应的截面积;取三个截面积的平均值作为原始横截面面积 S_0。

(2) 确定标距

根据比例试样公式计算试样的标距,并将标距修约到最接近 5 mm 的倍数,中间数值向较大一方修约。实验前,应在试样上做原始标距的标记,标记原始标距的准确度应在±1%以内。标记可以用小冲点、细划线或细墨线做标记,标记应清晰且实验后能分辨,不过早引起试样断裂。对于带头试样,原始标距应在平行长度的居中位置上。为了便于测量 L_u,可将标距均分为若干格。若平行长度比原始标距长许多,可以标记一系列套叠的原始标距。

(3) 启动设备

打开试验机和计算机电源,静候数秒,以待机器系统检测。打开测试软件,根据指导教师的要求选取相应的测试程序,并输入试样的相关参数。

(4) 调零

试样两端被夹持之后会在试样上作用一初始的荷载,因此在实验加载链装配完成后,试样两端被夹持之前,应设定力测量系统的零点。一旦设定了力值的零点,实验期间不能再次调零。

(5) 安装试样

根据试样长度调整试验机的上、下夹具位置。试样必须位于夹具的中间位置,且夹持长度超过夹具长度的 2/3。在确保试样夹紧的同时,不会产生过大的荷载使试样损伤。试样的轴线应与上、下夹具的轴线重合,防止出现试样偏斜或夹持部分过短的现象。

(6) 加载

正式加载时,注意观察试样在实验过程中各阶段的现象与变化情况。

试样断裂后,立即检查试验机是否自动停止加载。若试验机未能停止运行,应点击"停止"按钮终止测试,并取出试样。

(7) 判定和选取上、下屈服点和最大力点

根据计算机软件显示的应力-延伸率曲线,按 1.3.1 节的方法选取上、下屈服点,按 1.3.3 节和 1.3.4 节的方法选取最大力点。选取结束后,软件会自动将上、下屈服荷载,最大力和最大力总延伸率列表显示,此时记录原始数据。

(8) 测量断后伸长率和断面收缩率的原始数据

将断裂试件的两断口对齐并尽量靠紧,按 1.3.5 节的方法测量断裂标距 L_u,按 1.3.6 节的方法测量断口颈缩处的尺寸,计算断口处的横截面积 S_u。

(9) 整理实验现场

将断裂试件放到指定的位置,将夹具和试验机清理干净,将工具放回原位置。

1.5 扩展阅读材料

[1] ASTM. Standard test methods for tension testing of metallic materials: E8/E8M-24[S]. PA, US, 2024.

[2] Bhaduri A. Mechanical properties and working of metals and alloys[M]. Boston, US: Springer, 2018: 3-94.

1.6　思考题

（1）最大力总延伸率与断后伸长率的区别是什么？如何测定？

（2）为何在拉伸实验中必须采用标准比例试样？

（3）根据低碳钢拉伸实测曲线，屈服阶段开始时的应变是多少？屈服阶段结束的应变又是多少？该阶段试样伸长了多少？

（4）图解法与人工法测得的断后伸长率有何区别？

（5）低碳钢试样拉伸断裂后，断口的形态是怎样的？断口截面上何处先出现裂纹，为什么？

（6）低碳钢材料拉伸时最大力处的真实应力是多少？断裂时的真实应力又是多少？试绘制真实应力-工程应变曲线。

（7）低碳钢拉伸的颈缩部分的最大应变约为多少？试按体积不变的方法推算。

实验2 金属材料扭转实验

扭转问题是工程中经常遇到的力学问题。金属材料的室温扭转实验通过对试样(低碳钢和铸铁)施加扭矩,测量扭矩及其相应的扭角(一般扭至断裂),来测定材料的扭转力学性能指标。本实验依据国家标准 GB/T 10128—2007《金属材料　室温扭转试验方法》阐述扭转试验中的要求和性能测定方法。

2.1 实验目的

(1) 了解 GB/T 10128—2007《金属材料　室温扭转试验方法》所规定的定义和符号、试样要求、性能测定方法。

(2) 了解扭转试验机的基本构造和工作原理,掌握其使用方法。

(3) 测定低碳钢材料扭转时的上、下屈服强度,抗扭强度和相应的扭角。

(4) 测定铸铁材料扭转时的抗扭强度和相应的扭角。

(5) 比较低碳钢和铸铁在扭转时的机械性能及其破坏情况。

2.2 实验设备和试样

2.2.1 实验设备

扭转试验机、游标卡尺。

2.2.2 试样

扭转试样材料为低碳钢和铸铁,采用圆柱形标准试样,见图 2-1,推荐采用直径 d 为 10 mm,标距 L_0 分别为 50 mm 和 100 mm,平行长度 L_c 分别为 70 mm 和 120 mm 的试样。

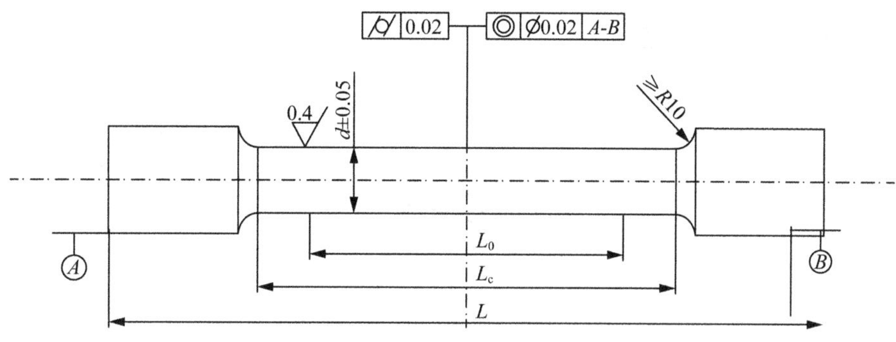

图 2-1　圆柱形扭转试样

2.3　实验原理

杆件在一对大小相等、转向相反、作用面垂直于杆轴线的外力偶作用下，将会出现扭转变形。当杆件的横截面为圆形时，杆件的物理性能和横截面几何形状具有极对称性，杆件的变形满足平面假设(横截面像刚性平面一样绕轴线转动)，这是扭转问题中最简单的情况。

标准 GB/T 10128—2007 中定义了多种可测的扭转性能指标，表 2-1 列出了扭转破坏实验常用的几种指标的符号、名称和单位。测试应在室温 10～35 ℃下进行。在试样屈服前，扭转试验机的加载速度应控制在 3～30(°)/min 范围内，并尽量保持恒定；在试样屈服后，加载速度应控制在不大于 720(°)/min 的范围内。加载速度的改变应对试样无冲击现象。

表 2-1　符号、名称及单位

符号	名称	单位	符号	名称	单位
T	扭矩	N·m	τ_{eH}	上屈服强度	MPa
I_p	极惯性矩	mm^4	τ_{eL}	下屈服强度	MPa
W	抗扭截面系数	mm^3	τ_m	抗扭强度	MPa
L_e	扭转计标距	mm	τ_p	规定非比例扭转强度	MPa
ϕ_{max}	最大非比例扭角	°	γ_{max}	最大非比例切应变	%

2.3.1　规定非比例扭转强度的测定

规定非比例扭转强度是扭转实验中，试样标距部分外表面上的非比例切应变达到规定数值时的切应力。例如 $\tau_{p0.015}$ 和 $\tau_{p0.3}$ 分别表示规定的非比例切应变达到 0.015%和 0.3%的切应力。

图解法：根据试验机自动记录的扭矩-扭角曲线，在曲线上延长弹性直线段交扭角轴于 O 点，截取 OC 段($OC=2L_e\gamma_p/d$，L_e 为扭转计标距，γ_p 为非比例切应变)，过 C 点作弹性直线段的平行线 CA 交曲线于 A 点，A 点对应的扭矩为所求扭矩 T_p，见图 2-2。

$$\tau_p=\frac{T_p}{W} \tag{2-1}$$

式中，对于圆柱形试样 $W=\frac{\pi d_0^3}{16}$。

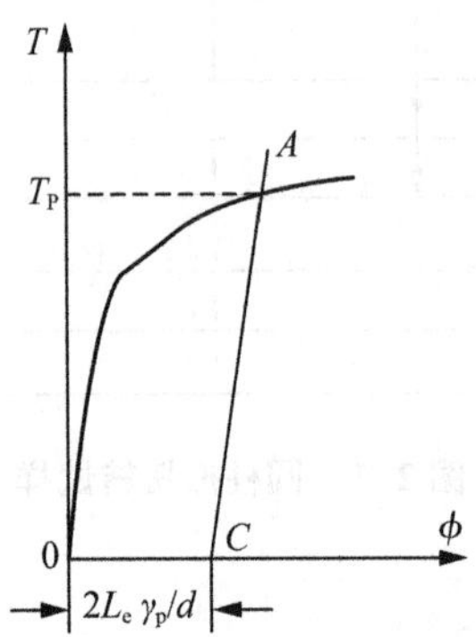

图 2-2　规定非比例扭转强度

2.3.2　上屈服强度 τ_{eH} 和下屈服强度 τ_{eL} 的测定

上屈服强度是扭转实验中，试样发生屈服而扭矩首次下降前的最高切应力。下屈服强度是扭转实验中，在屈服期间不计初始瞬时效应时的最低切应力。

图解法：实验时用自动记录方法记录扭转曲线（扭矩-扭角曲线或扭矩-夹头转角曲线）。首次下降前的最大扭矩为上屈服扭矩 T_{eH}；屈服阶段中不计初始瞬时效应的最小扭矩为下屈服扭矩 T_{eL}，见图 2-3。按下式分别计算上屈服强度 τ_{eH} 和下屈服强度 τ_{eL}：

$$\tau_{eH}=\frac{T_{eH}}{W} \tag{2-2}$$

$$\tau_{eL}=\frac{T_{eL}}{W} \tag{2-3}$$

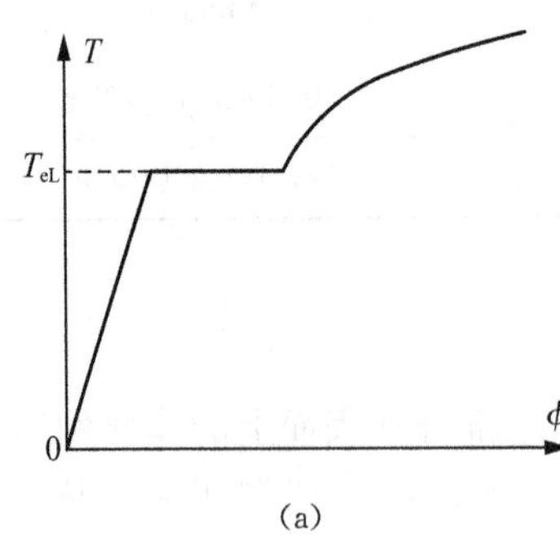

(a)

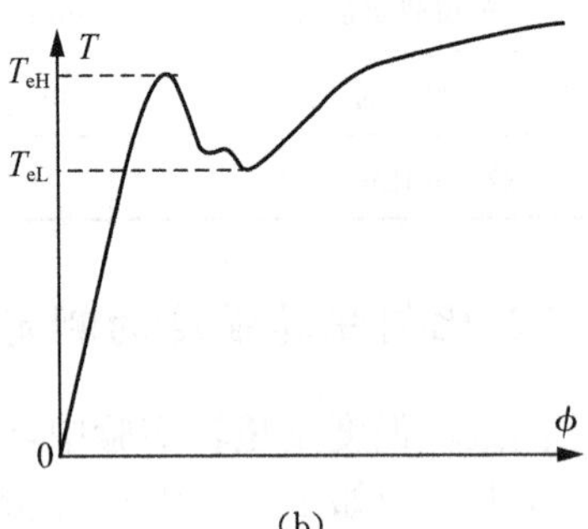

(b)

图 2-3　上、下屈服扭矩

2.3.3　抗扭强度 τ_m 与真实抗扭强度 τ_{tm} 的测定

抗扭强度是相应最大扭矩的切应力。对试样连续施加扭矩，直至扭断。从记录的扭转曲线（扭矩-扭角曲线或扭矩-夹头转角曲线）上读出试样扭断前所承受的最大扭矩 T_m。

按下式计算抗扭强度：

$$\tau_{\mathrm{m}}=\frac{T_{\mathrm{m}}}{W} \tag{2-4}$$

公式(2-4)适用于弹性阶段，此时试样横截面上的切应力与切应变沿半径方向呈线性分布。

如果考虑塑性变形的影响，切应变虽然保持直线分布，但切应力由于试样表面首先产生塑性变形而有所下降，不再是直线分布，见图2-4；所以用公式(2-4)计算得到的抗扭强度 τ_{m} 与真实抗扭强度 τ_{tm} 有一定差距，故GB/T 10128—2007在附录B中规定了真实抗扭强度的测定方法。具体方法如下：用自动记录方法记录扭矩-扭角曲线，直到试样断裂。以曲线上断裂点 K 为切点，过 K 点作曲线的切线 KT_{B} 交扭矩轴于 T_{B}，见图2-5。读取 K 点的扭矩 T_{K} 和扭矩 T_{B}。按公式(2-5)计算真实抗扭强度 τ_{tm}。

$$\tau_{\mathrm{tm}}=\frac{4}{\pi d^{3}}\left[3T_{\mathrm{K}}+\theta_{\mathrm{K}}\left(\frac{\mathrm{d}T}{\mathrm{d}\theta}\right)_{\mathrm{K}}\right]=\frac{4}{\pi d^{3}}(4T_{\mathrm{K}}-T_{\mathrm{B}}) \tag{2-5}$$

最大扭矩时，$\frac{\mathrm{d}T}{\mathrm{d}\theta}=0$。此时 $\tau_{\mathrm{tm}}=\frac{4}{\pi d^{3}}(3T_{\mathrm{K}})$，即：

$$\tau_{\mathrm{tm}}=\frac{3T_{\mathrm{m}}}{4W} \tag{2-6}$$

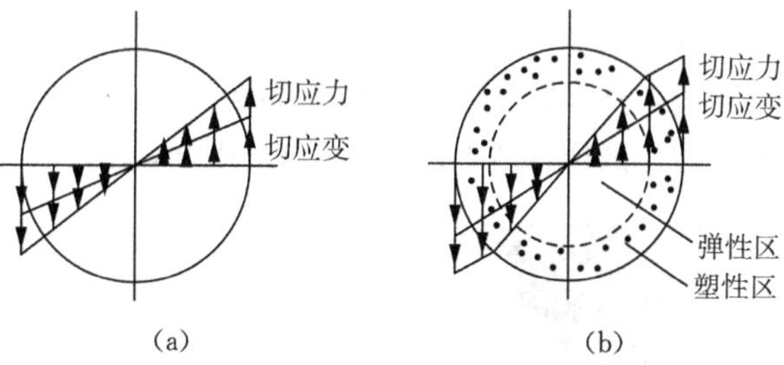

图2-4 切应力与切应变分布

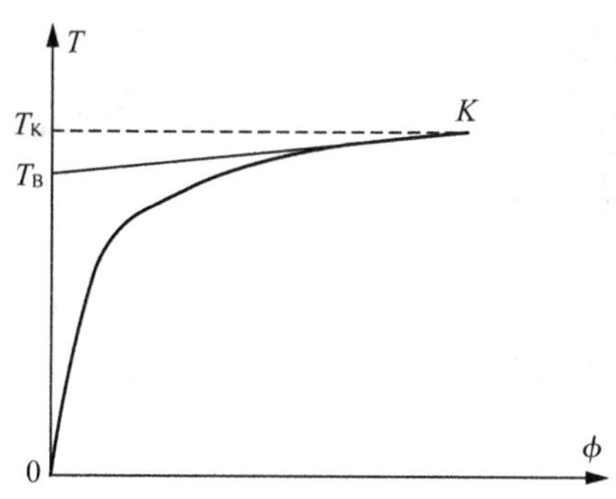

图2-5 真实抗扭强度

2.3.4 实验结果数值的修约

实验结果数值应按照表 2-2 的要求进行修约。

表 2-2 扭转性能数值的修约间隔

扭转性能	范围	修约到
G	—	100 MPa
τ_p、τ_{eH}、τ_{eL}、τ_m	≤200 MPa	1 MPa
	>200 MPa～1 000 MPa	5 MPa
	>1 000 MPa	10 MPa
γ_{max}	—	0.5%

2.3.5 断口分析

根据材料力学分析，圆截面试样扭转时横截面上任一点处在纯剪切应力状态下，试样表面任一斜截面上的正应力和剪应力分别为 $\sigma_\alpha = -\tau_{max}\sin 2\alpha$ 和 $\tau_\alpha = \tau_{max}\cos 2\alpha$。在 $\alpha = 0°$ 和 $\alpha = 90°$ 两个面上的剪应力绝对值最大，均等于 τ_{max}。而在 $\alpha = -45°$ 和 $\alpha = 45°$ 两个斜截面上的正应力分别为最大、最小值，绝对值均等于 τ_{max}，分别为拉应力和压应力。

上述应力分析所得结果可从圆杆在扭转实验中的破坏现象得到验证。对于抗剪强度低于抗拉强度的材料（低碳钢），破坏是首先从杆的最外层沿横截面发生剪断而产生的，因此断口在试样的横截面上，见图 2-6。对于抗拉强度低于抗剪强度的材料（铸铁），破坏是首先发生在杆的最外层沿着与杆轴线约成 45°倾角的螺旋形曲面上，试样沿与最大主应力正交的方向被拉断，断口为与试样轴线约成 45°倾角的螺面，见图 2-7。

图 2-6 低碳钢扭转试样断口

图 2-7 铸铁扭转试样断口

2.4 实验步骤

(1) 试样的测量

对于圆形试样，在标距两端及中间三个截面，沿两个相互垂直的方向上各测一次直径，并分别计算每个截面平均直径；取三个截面平均直径的最小值，计算抗扭截面系数。

(2) 试验机的准备

打开试验机的启动开关，打开控制软件，设定试验参数。

(3) 扭矩、转角调零

(4) 安装试样

根据试样长度调整夹头位置，保证试样两端完全夹持。试样夹紧后取下夹头上配备的加力扳手，置于适当位置。在试样上沿轴线画一条直线，以便实验时直观地观察到试样的变形情况。

(5) 加载

单击控制软件上的"试验开始"按钮，正式加载。加载过程中注意观察试样的变化和扭转曲线的变化，直至试样破坏。

(6) 保存、记录数据

实验完毕取下试样，注意观察试样破坏断口的形貌。保存好实验得到的相关数据和扭转曲线图，并按照实验报告的要求记录原始数据。

(7) 整理实验现场

将断裂试样放到指定的位置，清理实验台，将工具放回原位置。

2.5 扩展阅读材料

[1] Bhaduri A. Mechanical properties and working of metals and alloys[M]. Boston, US: Springer, 2018: 197-225.

2.6 思考题

(1) 低碳钢和铸铁的扭转破坏有什么不同？根据断口形式分析其破坏的原因。

(2) 低碳钢扭转曲线为何没有下降段？

(3) 根据低碳钢圆截面试样断裂前的最大扭矩 T_m 计算出来的切应力是不是试样材料的剪切强度极限？为什么？

(4) 低碳钢的拉伸屈服强度和剪切屈服强度有什么关系？

(5) 在低碳钢扭转实验过程中，实验前画在试样平行段的直线变成什么形状？试计算这条直线的伸长率，该伸长率与低碳钢拉伸实验的断后伸长率有何异同之处？

(6) 在低碳钢和铸铁扭转实验过程中，试样的温度有没有变化？如果不考虑能量损失，温度会变化多少(不考虑夹持段部分)？

(7) 铸铁扭转断口边缘与试样轴线方向的角度，实际测量结果是多少？为什么会出现这样的角度？

实验 3 电阻应变计的粘贴工艺实验

3.1 实验目的

（1）初步掌握常温电阻应变计的粘贴技术。

（2）掌握选片、粘贴、引线、质量检查、防护措施等方法。

3.2 实验设备与器材

电阻应变仪、万用表、电烙铁、电阻应变计（120 Ω）、黏结剂（502 胶）、砂纸、镊子、无水酒精、导线、试件。

3.3 电阻应变计的构造

电阻应变计一般都由敏感栅、引线、基底、盖层和黏结剂组成，其构造简图见图 3-1。敏感栅是应变计中将应变量转化为电量的元件，是用金属或者半导体材料制成的单丝或栅状体。敏感栅的形状见图 3-2。敏感栅的尺寸用栅长和栅宽来表示。敏感栅沿栅长方向的轴线，是应变计的轴线，应变计测量的应变就是沿该方向的线应变。引线是从敏感栅引出电信号的镀银线状或带状导线。基底是保持敏感栅、引线的几何形状和相对位置的部分，基底尺寸通常代表应变计的外形尺寸。盖层是覆盖在敏感栅上的绝缘层，用以保护敏感栅。黏结剂是将敏感栅固定在基底上或者将应变计粘贴在被测构件上，具有一定绝缘性能的物质。

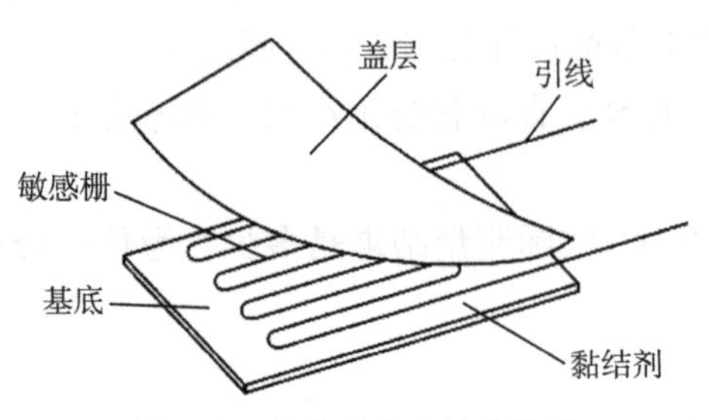

图 3-1 丝绕式应变计的构造

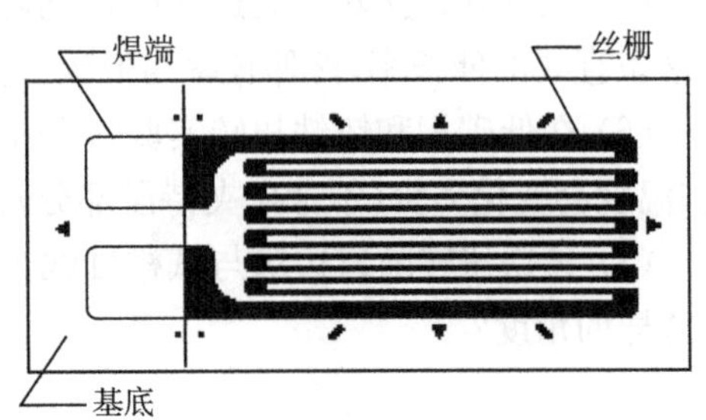

图 3-2 箔式应变计的构造

3.4　电阻应变计的分类

按敏感栅的结构形状进行分类，应变计可分为单轴应变计和多轴应变计。单轴应变计只有单个敏感栅，用于测量单向应变。多轴应变计是由两个或两个以上的轴线相交成一定角度的敏感栅制成的应变计，也称为应变花。图 3-3 是几种比较典型的应变计。

(a) 单轴应变计

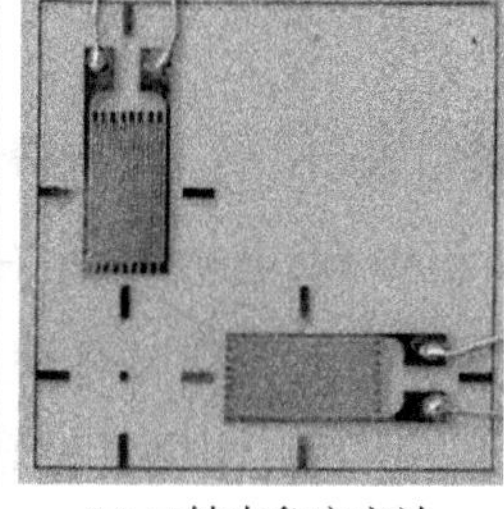

(b) 二轴直角应变计

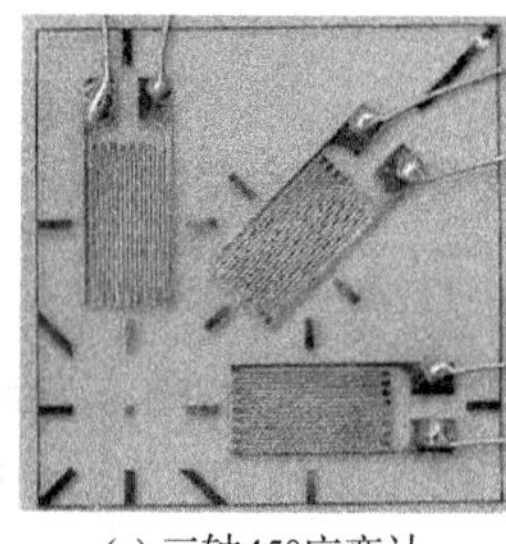

(c) 三轴45°应变计

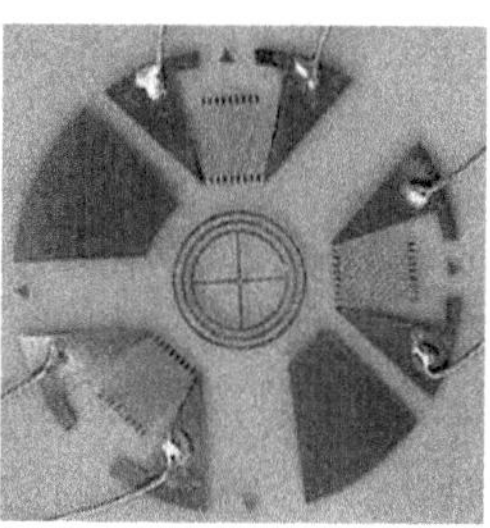

(d) 三轴应变计

图 3-3　常温下常用应变计的种类

按敏感栅的材料进行分类，应变计可分为金属电阻应变计和半导体应变计。金属电阻应变计又分为金属丝式应变计、金属箔式应变计和金属薄膜应变计。现在一般多用金属箔式应变计。

按工作温度进行分类，应变计可分为低温应变计、常温应变计、中温应变计和高温应变计，其工作温度分别为低于－30 ℃、－30～60 ℃、60～350 ℃和高于 350 ℃。

3.5　应变计的粘贴工艺

应变计的粘贴工艺主要包括：

(1) 应变计的选用与检查；

(2) 构件测点部位的表面处理；

(3) 应变计的粘贴；

(4) 导线的焊接与固定；

(5) 应变计粘贴质量检查；

(6) 应变计的防护。

3.6　实验步骤

3.6.1　应变计选用与检查

根据被测物体的特性和测量目的来选择应变计的种类及应变计敏感栅长度。一般来说，根据测量物体的材料和测量环境(如温度等)来选择合适的应变计的种类，例如选用常温应变计或者高温应变计。同时，根据测量物体的材料与环境空间来选择合适的应变计敏感栅长度。根据测量目的来选择应变计的电阻值，一般应力测量多采用 120 Ω 的应变计。根据测量需求来选择合适的应变计样式，例如选用单轴应变计或者多轴应变计。

在粘贴电阻应变计之前，凭肉眼或借助放大镜对其外观进行检查，观察敏感栅有无锈斑、缺陷，是否排列整齐，基底和覆盖层有无损坏，引线是否完好、牢固。再用万用电表检查阻值，阻值测量应精确到 0.1 Ω；其目的是检查敏感栅电阻是否存在断路、短路现象，并按阻值进行分选，保证共用温度补偿的一组应变计，阻值相差一般不超过±0.5 Ω。

3.6.2 构件的表面处理

对于钢铁等金属构件，首先是清除表面油漆、氧化层和污垢；然后磨平或锉平，并用细砂纸磨光。通常称此工艺为“打磨”，打磨后的表面粗糙度应达 $\sqrt[3.2]{}$ 左右。对于表面非常光滑的构件，则需用细砂纸沿与应变计粘贴方向成 45°的方向交叉打磨出一些纹路，以增强黏结力。打磨面积约为应变计面积的 5 倍。打磨完毕后，用钢针轻轻划出贴片的定位线。表面处理的最后一步是清洗，用蘸有无水酒精的洁净棉纱或脱脂棉球擦洗打磨过的部位，应沿单一方向擦洗，不要来回交替擦洗，直至棉球上见不到污垢为止。

3.6.3 应变计的粘贴

贴片工艺与所用黏结剂有关。用 502 胶贴片的过程是，待清洗剂挥发后，先在试样测点位置滴一点 502 胶，再将应变计背面用胶水涂匀，将应变计安装在试样贴片位置，然后用镊子拨动应变计，调整位置和角度。定位后，在应变计上垫一层聚乙烯或四氟乙烯薄膜，用手指轻轻挤压出多余的胶水和气泡。待胶水初步固化后即可松开。

粘贴好的应变计应保证位置准确，黏结牢固，胶层均匀，无气泡和整洁干净。

3.6.4 导线的焊接与固定

黏结剂初步固化后，可进行焊线。常温静态应变测量可使用双芯多股铜质塑料线的导线，动态应变测量应使用三芯或四芯屏蔽电缆的导线。

应变计和导线间的连接最好通过接线端子，接线端子和引线的焊接端应去除氧化皮绝缘物，用无水酒精进行清洗。将应变计引线轻轻撩起，并与接线端子焊点间留一定的应力释放环，用电烙铁将应变计引线与测量导线锡焊，焊接要迅速，时间控制在 1～2 s，时间过长会产生氧化物降低焊点质量；焊点要求光滑饱满，防止虚焊。导线两端应根据测点的编号作好标记。

3.6.5 应变计粘贴质量检查

应变计粘贴后的初步检查，包括目视检查、通路绝缘检查和仪器检查。

(1) 目视检查包括以下几个方面：

① 根据预先标记的参考线，检查应变计的定位是否准确；

② 在应变计周围仅有少量多余的黏结剂；

③ 应变计边缘和拐角处完全粘合，应变计表面应该是平的；

④ 应变计表面没有气泡或斑点；

⑤ 焊点表面光滑，无焊料尖角；

⑥ 焊点表面有光泽，不应出现霜状的表面；

⑦ 无变色的焊剂残留物。

(2) 通路绝缘检查包括以下几个方面：

① 检查应变计的电阻。在室温条件固化黏结剂时，粘贴前、后应变计电阻值的偏差超过0.5%表示应变计已因不当操作或夹紧而损坏，因此粘贴前后电阻偏差不得超过0.5%。使用高温装置固化黏结剂可能会产生更高的电阻偏差，但不得超过2%。

② 检查应变计敏感栅与粘贴该应变计试件表面之间的绝缘电阻。绝缘电阻应大于1000 MΩ。

(3) 仪器检查一般将应变计接入电阻应变仪进行检查，主要步骤如下：

① 将应变计连接至静态应变仪、数据采集系统或其他读数装置。

② 平衡电桥。

③ 用软的橡皮擦轻轻按压应变计敏感栅区域。

④ 按压时，应变仪读数应显示一些变化；松开时，应变仪读数应归零。如果应变仪读数未能归零或不稳定，则应变计可能粘贴不良(例如气泡、分层等)或损坏，必须更换。

3.6.6 应变计及导线的防护

黏结剂受潮会降低绝缘电阻和黏结强度，严重时会使敏感栅锈蚀；酸、碱及油类侵入甚至会改变基底和黏结剂的物理性能。为了防止大气中的游离水分、雨水、露水，以及特殊环境下的酸、碱、油等侵入，对已充分干燥、固化、焊好导线的应变计，应涂上防护层。常用的室温防护剂有凡士林、蜂蜡、硅橡胶、环氧树脂等。

3.7 实验报告要求

简述贴片、接线、检查等主要步骤，要根据实际操作的过程进行总结，不能照抄教材的内容。对贴片过程中出现的问题进行记录，并说明这些问题应如何处理。

3.8 扩展阅读材料

[1] ASTM. Standard guide for installing bonded resistance strain gages: E1237 - 20[S]. PA, US, 2020.

[2] ASTM. Standard test methods for performance characteristics of metallic bonded resistance strain gages: E251 - 20a[S]. PA, US, 2020.

[3] Sharpe W N. Handbook of experimental solid mechanics[M]. New York, US: Springer, 2008.

[4] Gdoutos E E. Experimental mechanics an introduction[M]. Cham, Switzerland: Springer, 2022.

3.9 思考题

(1) 为什么说电阻应变计的粘贴质量直接影响测量的准确度？

(2) 在粘贴电阻应变计时，为保证粘贴质量，应注意哪些要点？

(3) 描述实验中粘贴的电阻应变计的型号、厂家、尺寸和颜色。

(4) 在应变计粘贴过程中，如何保证定位的准确性？

实验4 电阻应变计的热输出实验

4.1 实验目的

（1）了解电阻应变计的温度特性及温度补偿的重要性。
（2）掌握电阻应变计的温度特性的测定方法。

4.2 实验设备与器材

电阻应变仪、电阻应变计（120 Ω）、自制热输出实验装置（见图4-1）。

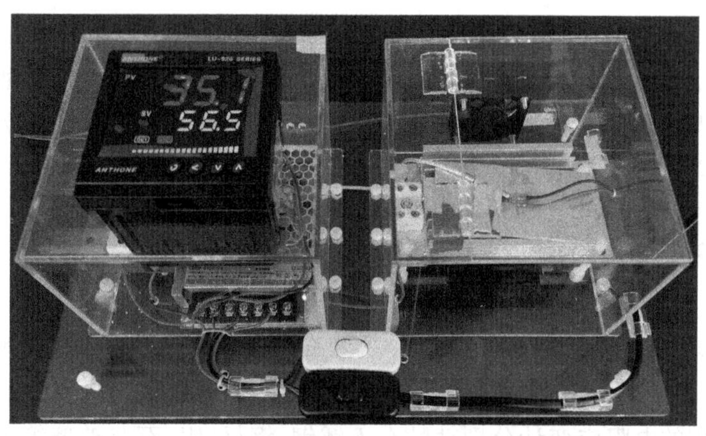

图4-1 自制热输出实验装置（专利号：ZL 202420383071.3）

4.3 电阻应变计的温度特性

当应变计安装在可以自由膨胀的试件上且试件不受外力作用时，若环境温度不变，则应变计的应变为零；若环境温度发生变化，则应变计会产生应变输出。这种由于温度变化而引起的应变输出，称为应变计的热输出。

产生应变计热输出的原因主要有以下两个方面：

(1) 应变计敏感栅材料本身的电阻随温度而改变

当温度变化 Δt，引起电阻应变计敏感栅阻值变化而产生附加应变为：

$$\varepsilon_{t\alpha}=\frac{\frac{\Delta R_{t\alpha}}{R}}{K_S}=\alpha\frac{\Delta t}{K_S} \tag{4-1}$$

式中：K_S——应变计的灵敏系数；

α——应变计敏感栅材料的电阻温度系数。

(2) 敏感栅材料与试件材料的线膨胀系数不同，使敏感栅产生了附加变形

当温度变化 Δt，牢固粘贴在试件上的应变计与试件在长度方向上会发生变形，由于试件材料与电阻应变计敏感栅材料的线膨胀系数不同，产生的附加应变为：

$$\varepsilon_{t\beta}=\frac{\frac{\Delta R_{t\beta}}{R}}{K_S}=(\beta_{试样}-\beta_{敏感栅})\Delta t \tag{4-2}$$

式中：$\beta_{试样}$——试样的线膨胀系数；

$\beta_{敏感栅}$——敏感栅的线膨胀系数。

当温度变化 Δt 时，电阻应变计总的虚假应变量(热输出)为：

$$\varepsilon_t=\alpha\frac{\Delta t}{K_S}+(\beta_{试样}-\beta_{敏感栅})\Delta t \tag{4-3}$$

温度引起的应变测量误差(热输出)除与环境温度变化有关，还与电阻应变计本身的性能参数(K_S、α、$\beta_{敏感栅}$)以及试件的线膨胀系数 $\beta_{试样}$ 有关。由于这些因素难以准确测量，同时热输出还与其他因素有关，例如粘贴应变计的工艺，因此一般采用实验的方法测定应变计热输出曲线。

4.4 实验步骤

(1) 准备试样，打磨表面粗糙度应达$\overset{3.2}{\bigtriangledown}$左右，有 45°交叉纹，用酒精(或丙酮等)进行清洗。

(2) 将待用的电阻应变计分别粘贴在不锈钢、钢材、铝、石英玻璃等试样上，焊接好导线。

(3) 将试样放入自制热输出实验装置内，并将导线接至应变仪。

(4) 将电阻应变仪读数调节至零，自制热输出实验装置缓慢升温，每隔 5 ℃测量一次读数，测量至 80 ℃。

(5) 绘制应变-温度热输出曲线。

4.5 扩展阅读材料

[1] Micro-Measurements. Strain gage thermal output and gage factor variation with

temperature[R]. Tech Note TN－504-1，2014.

[2] Micro-Measurements. Strain gage selection：criteria，procedures，recommendations[R]. Tech Note TN－505-6，2018.

4.6 思考题

（1）在电阻应变计的热输出实验中，是否考虑了导线因素的影响？如何消除导线对电阻应变计热输出的影响？

（2）为什么同一性能参数（同一批次）的电阻应变计粘贴在不同的材料上时，热输出会有所不同？

（3）某钢结构采用电阻应变计测试技术进行检测。当环境温度变化 10 ℃时，请用你的实验结果推算电阻应变计的虚假输出（热输出）。

实验 5 电阻应变计测量原理实验

5.1 实验目的

(1) 掌握电阻应变计测量应变的原理。

(2) 了解电阻应变仪的工作原理,掌握电阻应变仪的操作方法。

(3) 熟悉测量电桥的应用,掌握在测量电桥中的各种接线方法。

5.2 实验设备

数字式电阻应变仪、等强度梁实验装置。

等强度梁实验装置见图 5-1,等强度梁电阻应变计粘贴示意图见图 5-2。

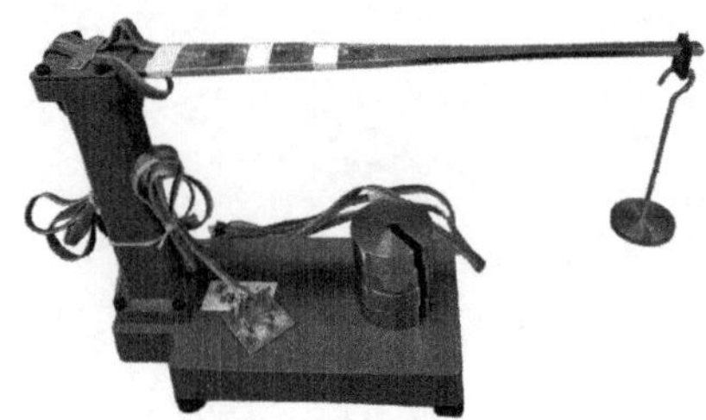

图 5-1 等强度梁实验装置

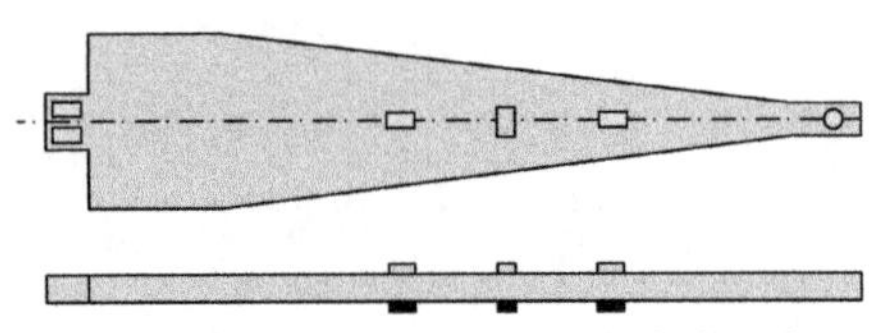

图 5-2 等强度梁电阻应变计粘贴示意图

5.3 实验原理

5.3.1 电阻应变计的工作原理

电阻应变计习惯称为电阻应变片,是最常用的力学量传感元件。当用应变计测试时,应变计要牢固地粘贴在测试构件表面,当测试构件受力而发生变形时,应变计的敏感栅随同变形,其电阻值也相应发生变化,这种现象称为金属的电阻应变效应。长度为 l、截面积为 S、电阻率为 ρ 的匀质金属丝,其电阻值 $R=\rho l/S$,等式两边取微分,得:

$$\frac{\mathrm{d}R}{R}=\frac{\mathrm{d}\rho}{\rho}+\frac{\mathrm{d}l}{l}-\frac{\mathrm{d}S}{S} \tag{5-1}$$

式中：$\frac{dR}{R}$——电阻的相对变化；

$\frac{d\rho}{\rho}$——电阻率的相对变化；

$\frac{dl}{l}$——长度的相对变化，且 $\varepsilon=\frac{dl}{l}$ 称为金属丝长度方向上的应变或轴向应变；

$\frac{dS}{S}$——截面积的相对变化。

若金属丝的直径为 D、泊松比为 μ，$\frac{dS}{S}=2\frac{dD}{D}=2(-\mu\frac{dl}{l})=-2\mu\varepsilon$，则有：

$$\frac{dR}{R}=\frac{d\rho}{\rho}+(1+2\mu)\varepsilon \tag{5-2}$$

上式表明，受力变形后，金属丝的几何尺寸和电阻率发生变化，其电阻随之发生变化。可以设想：将一根金属丝粘贴在构件表面上，当构件变形后，金属丝也将随之变形，利用金属丝的应变-电阻效应就可以将构件表面的应变量转化为电阻的相对变化量。电阻应变计就是利用该原理制成的应变敏感元件。实验表明，金属丝电阻的相对变化与金属丝在弹性范围内应变量之间存在线性关系。

若令 $K_S=\frac{dR}{R}\frac{1}{\varepsilon}=\frac{d\rho}{\rho}\frac{1}{\varepsilon}+1+2\mu$，则有：

$$\frac{dR}{R}=K_S\varepsilon \tag{5-3}$$

比例系数 K_S 称为应变计的灵敏系数(单位应变引起的电阻相对变化)，它表明应变计对承受的应变量的灵敏程度。它与敏感栅材料的泊松比和敏感栅变形后电阻率的相对变化有关。

5.3.2　测量电桥的基本特性

惠斯登电桥是最常用的非电量测量电路之一，习惯称为测量电桥，见图 5-3。测量电桥以电阻应变计作为桥臂组成电桥电路，将应变计的电阻变化转化为电压或电流信号。

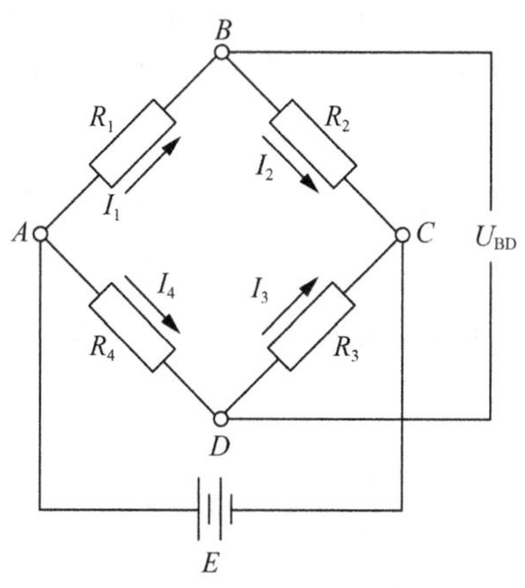

图 5-3　惠斯登电桥

AC 间流过的电流为：

$$I_1=\frac{E}{R_1+R_2}$$

由此得到 R_1 两端的电压降为：

$$U_{AB}=I_1R_1=\frac{R_1}{R_1+R_2}E$$

同理，R_4 两端的电压降为：

$$U_{AD}=\frac{R_4}{R_3+R_4}E$$

可以得到电桥输出电压为：

$$\begin{aligned}U_{BD}&=U_{AB}-U_{AD}=\frac{R_1}{R_1+R_2}E-\frac{R_4}{R_3+R_4}E\\&=\frac{R_1R_3-R_2R_4}{(R_1+R_2)(R_3+R_4)}E\end{aligned} \tag{5-4}$$

由上式可知，要使电桥平衡，应使电桥输出电压 U_{BD} 为零，则桥臂电阻必须满足：

$$R_1R_3=R_2R_4 \tag{5-5}$$

当各桥臂电阻发生变化时，电桥就有输出电压。设各桥臂电阻相应发生了 ΔR_1、ΔR_2、ΔR_3、ΔR_4 的变化，则由公式(5-4)得到电桥的输出电压为：

$$U_{BD}=\frac{(R_1+\Delta R_1)(R_3+\Delta R_3)-(R_2+\Delta R_2)(R_4+\Delta R_4)}{(R_1+\Delta R_1+R_2+\Delta R_2)(R_3+\Delta R_3+R_4+\Delta R_4)}E \tag{5-6}$$

将公式(5-5)代入上式且由于 $\Delta R_i \ll R_i$，可略去高阶微量。故可得：

$$U_{BD}=\frac{R_1R_3}{(R_1+R_2)(R_3+R_4)}\left(\frac{\Delta R_1}{R_1}-\frac{\Delta R_2}{R_2}+\frac{\Delta R_3}{R_3}-\frac{\Delta R_4}{R_4}\right)E \tag{5-7}$$

公式(5-6)、公式(5-7)分别是电桥输出电压的精确计算公式和近似计算公式。

若电桥的四个桥臂上均为应变计，且假设阻值相等，即 $R_1=R_2=R_3=R_4=R$，则公式(5-7)为：

$$U_{BD}=\frac{E}{4}\left(\frac{\Delta R_1}{R_1}-\frac{\Delta R_2}{R_2}+\frac{\Delta R_3}{R_3}-\frac{\Delta R_4}{R_4}\right) \tag{5-8}$$

如果电阻应变计的灵敏系数 K_S 相同，将 $\Delta R/R=K_S\varepsilon$ 代入公式(5-8)，便可得到电桥的输出电压：

$$U_{BD}=\frac{EK_S}{4}(\varepsilon_1-\varepsilon_2+\varepsilon_3-\varepsilon_4) \tag{5-9}$$

式中：ε_1 为 AB 桥臂应变计感受的应变；

ε_2 为 BC 桥臂应变计感受的应变；

ε_3 为 CD 桥臂应变计感受的应变；

ε_4 为 DA 桥臂应变计感受的应变。

应变仪通过标定和模数转换将电压信号转换为数字信号，即应变读数 ε_d，因此上式可变为：

$$\varepsilon_d = \varepsilon_1 - \varepsilon_2 + \varepsilon_3 - \varepsilon_4 \tag{5-10}$$

由上式可见，测量电桥有如下特性：

(1) 两相邻桥臂上应变计所感受的应变，代数值相减；

(2) 两相对桥臂上应变计所感受的应变，代数值相加。

应用公式(5-10)时应注意，应变仪上的灵敏系数设置与应变片的灵敏系数一致时，测量得到读数应变 ε_d 即为被测件表面的应变，若两者不一致，则需要进行修正，修正公式为：

$$\varepsilon = \frac{K_{仪}}{K_S}\varepsilon_d \tag{5-11}$$

式中：ε——被测构件表面应变；$K_{仪}$——应变仪灵敏系数；K_S——应变片灵敏系数。

5.3.3　电阻应变计在测量电桥中的接线方法

应变计在测量电桥中有多种接法。实际测量时，根据电桥基本特性和不同的使用情况，可以采用不同的接线方法达到以下目的：①实现温度补偿；②从受力复杂的构件中测出所需要的某一应变分量；③提高被测构件应变的读数，提高测量的灵敏度。

在测量电桥中，根据不同的使用情况，各桥臂的电阻可以部分或全部是应变计，常采用以下几种接线方法：

5.3.3.1　单臂接线法

若在测量电桥的 AB 桥臂上接电阻应变计，而 BC、CD 和 DA 桥臂接固定电阻(或者为标准电阻)，该接线方法称为单臂接线法(常称为 1/4 桥)，见图 5-4。此接法无温度补偿作用，仅仅适用于瞬态信号的测试。

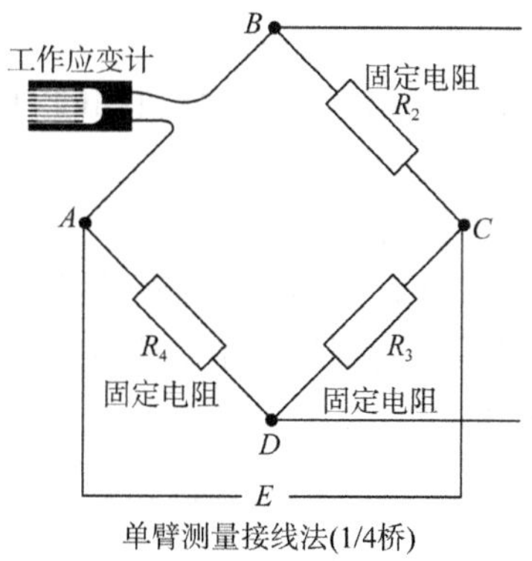

图 5-4　单臂测量接线法

5.3.3.2　半桥接线法

若测量电桥的 AB 和 BC 桥臂接电阻应变计，CD 和 DA 桥臂接固定电阻，该接线方法称为半桥接线法。

(1) 单臂半桥接线法

在构件被测点处粘贴电阻应变计，即工作应变计（简称工作片），接入电桥的 AB 桥臂；在补偿块上粘贴一个与工作应变计规格相同的电阻应变计，即温度补偿应变计（简称补偿片），接入电桥的 BC 桥臂；在电桥的 CD 和 DA 桥臂上接入固定电阻，这种接线方法称为单臂半桥接线法（常称为半桥外补偿法），见图 5-5。

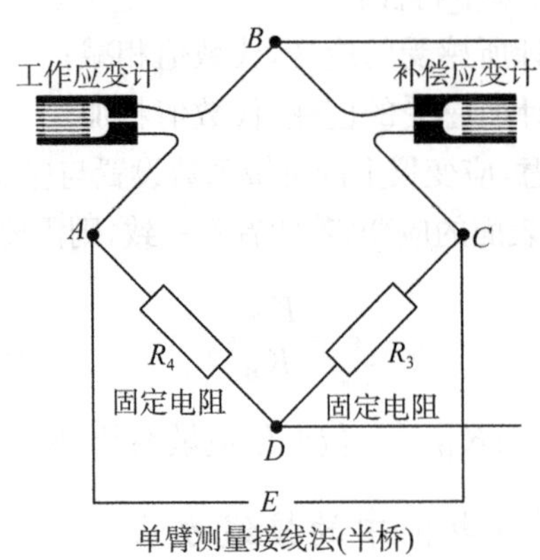

图 5-5　单臂半桥接线法

粘贴在被测件上的电阻应变计，其敏感栅的电阻值一方面随被测件的应变而变化，另一方面，当环境温度变化时，敏感栅的电阻值还将随温度改变而变化。同时，由于敏感栅材料和被测件材料的线膨胀系数不同，敏感栅有被迫拉长或缩短的趋势，也会使其电阻值发生变化。这样，应变计测量出的应变值包含了环境温度变化而引起的应变，造成测量误差。因此需要准备一个材料与被测构件相同且不受外力的补偿块，其上粘贴温度补偿应变计，并使之与工作应变计处于同一温度场中，以消除环境温度变化而引起的应变测量误差。需要注意的是，温度补偿应变计应满足以下四个条件：

① 须与工作应变计属于同一批号，即它们的电阻值、电阻温度系数 α、线膨胀系数 β、应变灵敏系数 K_S 都相同；

② 补偿块的材料须与粘贴工作片的试件的材料相同，并且不受外力作用；

③ 两个应变计处于同一工作温度环境中；

④ 两个应变计粘贴的工艺要相同。

在应变测量过程中，工作应变计直接感受构件受力后的应变 ε_F 和环境温度变化产生的应变 ε_t；补偿应变计只感受环境温度变化产生的应变 ε_t。

由公式(5-10)可得读数应变：

$$\varepsilon_d = \varepsilon_1 - \varepsilon_2 = \varepsilon_F + \varepsilon_t - \varepsilon_t = \varepsilon_F$$

由上式可得，读数应变等于构件上被测点的应变 ε_F，该接线方法消除了环境温度变化引起的应变测量误差。

(2) 双臂半桥接线法

接入 AB 和 BC 桥臂的电阻应变计均为工作应变计，CD 和 DA 桥臂均接固定电阻，该接线方法称为双臂半桥接线法，见图 5-6。当试件受力且测点环境温度变化时，每个应变计的应变中都包含外力和温度变化引起的应变，根据电桥基本特性，在应变仪的读数应变中能消除温度变化所引起的应变，因此该方法又称工作片补偿法(常称为半桥自补偿法)。

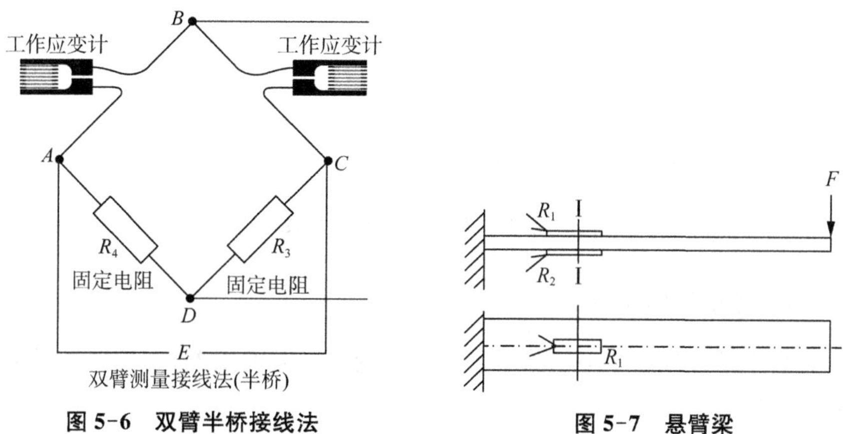

图 5-6　双臂半桥接线法

图 5-7　悬臂梁

如图 5-7 所示一悬臂梁，在Ⅰ-Ⅰ截面上、下表面各粘贴一片应变计。在 F 力作用下，Ⅰ-Ⅰ截面上、下表面的应变 ε_F 大小相等，符号相反。用双臂半桥接线法，两桥臂的应变计感受梁在 F 力作用下的应变 ε_F 和环境温度变化产生的应变 ε_t，分别为

$$\varepsilon_1=\varepsilon_F+\varepsilon_t,\varepsilon_2=-\varepsilon_F+\varepsilon_t$$

由公式(5-10)得读数应变 ε_d 为：

$$\varepsilon_d=\varepsilon_1-\varepsilon_2=\varepsilon_F+\varepsilon_t-(-\varepsilon_F+\varepsilon_t)=2\varepsilon_F$$

读数应变 ε_d 是悬臂梁Ⅰ-Ⅰ截面处应变的两倍。所以，双臂半桥接线法，消除了环境温度变化引起的误差，也增加了读数应变，提高了测量灵敏度。

5.3.3.3　全桥接线法

在测量电桥的四个桥臂上全部接电阻应变计，称为全桥接线法。根据四个应变计工作情况的不同，又分为四臂全桥接线法和对臂全桥接线法。

(1) 四臂全桥接线法

测量电桥中四个桥臂的应变计均为工作应变计，称为四臂全桥接线法。

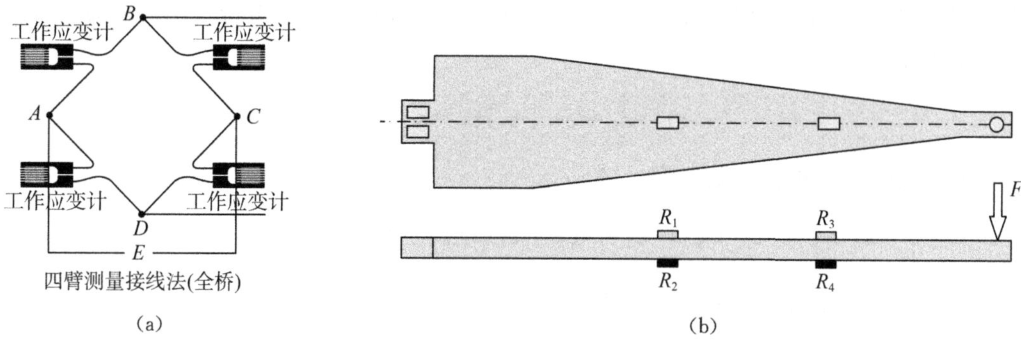

图 5-8　四臂全桥接线法

以测量图 5-8 所示等强度梁在 F 作用下的轴向应变 ε_F 为例。在等强度梁的两个截面正、反两面，沿轴线方向粘贴应变计，并用四臂全桥接线法组成全桥测量电路。R_1 接入 AB 桥臂，R_2 接入 BC 桥臂，R_3 接入 CD 桥臂，R_4 接入 DA 桥臂，四桥臂应变计感受的应变分别为：

$$\varepsilon_1=\varepsilon_3=\varepsilon_F+\varepsilon_t$$
$$\varepsilon_2=\varepsilon_4=-\varepsilon_F+\varepsilon_t$$

由公式(5-10)可得读数应变 ε_d 为：

$$\varepsilon_d=\varepsilon_1-\varepsilon_2+\varepsilon_3-\varepsilon_4=(\varepsilon_F+\varepsilon_t)-(-\varepsilon_F+\varepsilon_t)+(\varepsilon_F+\varepsilon_t)-(-\varepsilon_F+\varepsilon_t)=4\varepsilon_F$$

此时等强度梁的轴向应变 $\varepsilon_F=\dfrac{1}{4}\varepsilon_d$。

因此，四臂全桥接线法不但消除了环境温度变化引起的误差，而且增加了读数应变，提高了测量灵敏度，应变放大倍数为 4 倍。

(2) 对臂全桥接线法

在测量电桥中，电桥的 4 个桥臂分别为 R_1、R_2、R_3、R_4。其中，R_1、R_3 为工作应变计，R_2、R_4 为补偿应变计，即 R_1、R_3 应变片粘贴在被测构件上，R_2、R_4 应变片粘贴在补偿块上(反之 R_2、R_4 作为工作应变片，R_1、R_3 应变片作为补偿应变片也可以)，该接线方法称为对臂全桥接线法。

图 5-9 为等强度梁，要测定在力 F 作用下等强度梁上产生的轴向应变 ε_F。

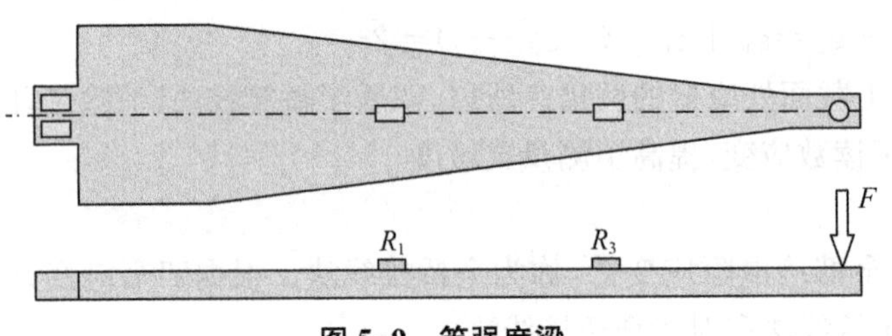

图 5-9　等强度梁

R2　R4

图 5-10　补偿块

在等强度梁两个截面的上表面各粘贴一片轴向应变计，同时在与等强度梁相同材料的补偿块上也粘贴两片应变计，见图 5-10。R_1 接入 AB 桥臂，R_2 接入 BC 桥臂，R_3 接入 CD 桥臂，R_4 接入 DA 桥臂，组成如图 5-11 所示的对臂全桥测量电桥。四桥臂应变计感受的应变分别为：

$$\varepsilon_1=\varepsilon_3=\varepsilon_F+\varepsilon_t,\varepsilon_2=\varepsilon_4=\varepsilon_t$$

由公式(5-10)可得读数应变 ε_d 为：

$$\varepsilon_d=\varepsilon_1-\varepsilon_2+\varepsilon_3-\varepsilon_4=(\varepsilon_F+\varepsilon_t)-\varepsilon_t+(\varepsilon_F+\varepsilon_t)-\varepsilon_t=2\varepsilon_F$$

此时等强度梁的轴向应变 $\varepsilon_F=\dfrac{1}{2}\varepsilon_d$。

与四臂全桥接线法相似，对臂全桥接线法不但消除了环境温度变化引起的误差，而且

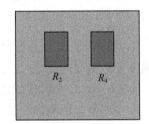

增加了读数应变，提高了测量灵敏度。

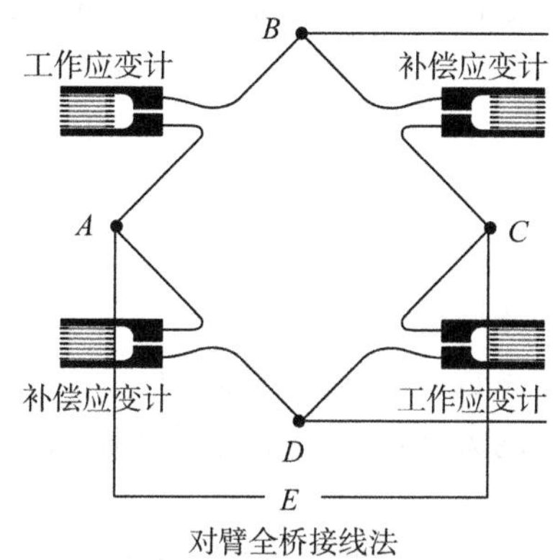

图 5-11 对臂全桥接线法

5.4 实验步骤

（1）记录试件编号、尺寸和参数；

（2）选择合适接线方案，一般选择单臂半桥接线法、双臂半桥接线法、四臂全桥接线法；

（3）根据选定接线方案，绘制接线电路简图，计算输出应变；

（4）检查接线、试加载，检查仪器工作是否正常；

（5）正式加载前，记录下电阻应变仪的初始读数或将读数调零；

（6）每加载一次记录一次应变仪的读数，每个接线方案测试至少重复 3 次；

（7）加载完成后整理和检查数据；

（8）关闭电源、拆下导线并整理设备。

5.5 实验结果处理

（1）计算以上接线方法下，ΔF 所引起的应变平均值 $\Delta\varepsilon_d$，并计算它们与理论值的相对误差。

（2）比较各种接线方法的输出应变，并分析各种接线方法中温度补偿的实现方法。

（3）对几组实验数据求平均值、标准差与不确定度。

5.6 扩展阅读材料

[1] ASTM. Standard test methods for performance characteristics of metallic bonded resistance strain gages：E251 - 20a[S]. PA，US，2020.

[2] Sharpe W N. Handbook of experimental solid mechanics[M]. New York，US：Springer，2008.

[3] Gdoutos E E. Experimental mechanics an introduction[M]. Cham，Switzer-

land: Springer, 2022.

[4] Keil S. Technology and practical use of strain gages[M]. Wilhelm Ernst & Sohn, 2017.

5.7 思考题

(1) 试述电阻应变计的工作原理。

(2) 什么是应变计的灵敏系数? 怎样进行标定?

(3) 用加长或增加栅线数的方法改变应变计敏感栅的电阻值,是否能改变应变计的灵敏系数? 为什么?

(4) 电阻应变计达到完全补偿的必要条件有哪些? 测量电桥的特性有哪些? 试述测试误差与接线方法的关系。

(5) 分析各种测量接线方法中温度补偿的实现方法。

(6) 采用串联或并联测量方法能否提高测量灵敏度?

(7) 当应变仪设置的灵敏系数 $K_{仪}$ 和应变计的灵敏系数 $K_{片}$ 不一致时,应变数据如何修正?

实验 6 金属材料弹性模量和泊松比实验

6.1 实验目的

(1) 测定金属材料的弹性模量 E 及泊松比 μ。

(2) 验证胡克定律。

6.2 实验设备

拉压实验装置、静态电阻应变仪、游标卡尺。

拉压实验装置见图 6-1,它由 6 个部分组成,分别是:

1—支承底座;

2—加载系统;

3—支承框架;

4—活动横梁;

5—力传感器;

6—测力仪表。

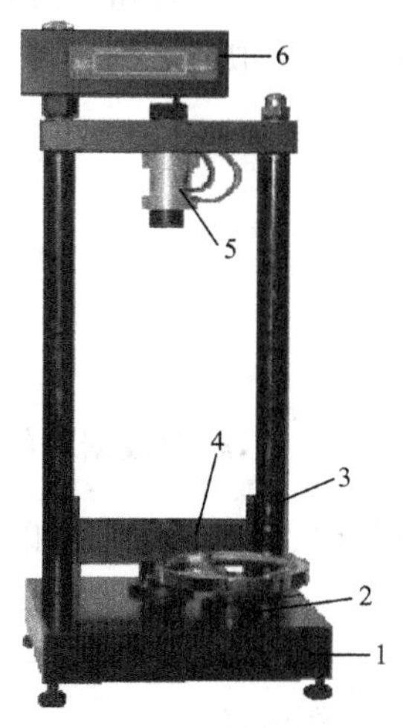

图 6-1 拉压实验装置

图 6-2 铝合金试样

6.3 试样

如图 6-2 所示，试样为铝合金材料，采用矩形横截面，宽 20 mm，厚 3 mm。为了消除偏心拉伸带来的弯曲影响，保证实验数据的准确性，在试样两面对称粘贴电阻应变计。

6.4 实验原理

金属材料弹性常数主要指材料的弹性模量 E 和泊松比 μ。按 GB/T 22315—2008 规定，对于非线性弹性状态的金属材料，一般测定弦线模量 E_{ch} 或切线模量 E_{tan}。弦线模量是在弹性范围内，轴向应力-轴向应变曲线上任两规定点之间弦线的斜率；切线模量是在弹性范围内，轴向应力-轴向应变曲线上任一规定应力或应变值处的斜率。对于线弹性状态的金属材料，弹性模量(标准中称为杨氏模量)是在轴向应力与轴向应变线性比例关系范围内，轴向应力与轴向应变的比值。

材料在受拉伸或压缩时，不仅沿轴向发生轴向变形，在其横向也同时发生缩短或增大的横向变形。在线弹性变形范围内，横向应变 ε_t 和轴向应变 ε_l 成正比关系，两者比值的绝对值称为材料的横向变形系数(泊松比)，一般以 μ 表示，即：

$$\mu = \left|\frac{\varepsilon_t}{\varepsilon_l}\right| \tag{6-1}$$

实验时，如同时测出纵向应变和横向应变，则可由上式计算出泊松比 μ。

按 GB/T 22315—2008 规定，弹性模量 E 和泊松比 μ 测定可采用图解法和拟合法。本章主要按拟合法进行讲述。

6.4.1 弹性模量 E 测定

GB/T 22315—2008 规定，试验时，在弹性范围内记录轴向力和与其相应的轴向变形的数据对。数据对的数目一般不少于 8 对。用最小二乘法拟合数据对，得到轴向应力-轴向应变直线，拟合直线的斜率即为弹性模量，即：

$$E = \frac{\sum \sigma_l \varepsilon_l - k\bar{\sigma}_l \bar{\varepsilon}_l}{\sum \varepsilon_l^2 - k\bar{\varepsilon}_l^2} \tag{6-2}$$

式中：σ_l 为轴向应力，$\bar{\sigma}_l = \dfrac{\sum \sigma_l}{k}$，$\varepsilon_l$ 为轴向应变，$\bar{\varepsilon}_l = \dfrac{\sum \varepsilon_l}{k}$，$k$ 为数据对的数目。

如无其他要求，按下式计算拟合直线斜率变异系数 ν_1，其值在 2%以内，所得弹性模量为有效。

$$\nu_1 = \sqrt{\left(\frac{1}{\gamma^2} - 1\right)(k-2)} \times 100\% \tag{6-3}$$

式中：γ 为相关系数，$\gamma^2=\dfrac{\left[\sum\varepsilon_1\sigma_1-\dfrac{\sum\varepsilon_1\sum\sigma_1}{k}\right]^2}{\left[\sum{\varepsilon_1}^2-\dfrac{(\sum\varepsilon_1)^2}{k}\right]\left[\sum{\sigma_1}^2-\dfrac{(\sum\sigma_1)^2}{k}\right]}$。

6.4.2　泊松比 μ 测定

GB/T 22315—2008 规定，试验时，在弹性范围内，同一轴向力下记录横向变形和轴向变形的数据对。数据对的数目一般不少于 8 对。用最小二乘法拟合数据对，得到横向应变-轴向应变直线，直线的斜率即为泊松比，即

$$\mu=\frac{\sum(\varepsilon_1\varepsilon_t)-k\bar{\varepsilon}_1\bar{\varepsilon}_t}{\sum\varepsilon_1^2-k{\bar{\varepsilon}_1}^2} \tag{6-4}$$

式中：ε_1 为轴向应变，$\bar{\varepsilon}_1=\dfrac{\sum\varepsilon_1}{k}$ 为平均轴向应变，ε_t 为横向应变，$\bar{\varepsilon}_t=\dfrac{\sum\varepsilon_t}{k}$ 为平均横向应变，k 为数据对数目。

如果分别记录轴向力-横向应变和轴向力-轴向应变的两组数据对，则应用最小二乘法分别拟合轴向力-横向应变和轴向力-轴向应变直线，并计算拟合直线斜率。前者斜率与后者斜率之比即为泊松比。

按公式(6-3)计算拟合直线斜率变异系数 ν_1，其值在 2%以内，所得泊松比有效。

6.5　实验步骤

(1) 拟定加载方案

实验中的最大荷载要根据材料的弹性比例极限和加载设备的最大量程确定。通常情况下，实验时试样的最大应力不能超过试样材料的弹性比例极限，一般取金属材料下屈服强度 R_{eL} 的 80%或者规定塑性延伸强度 $R_{p0.2}$ 的 80%。同时考虑加载设备的最大量程，取两者的最小值作为实验中的最大荷载。再根据该最大荷载确定每级加载荷载的大小，加载级数一般不少于 7 级，以确保实验数据对的数目不少于 8 对。

(2) 测量试样截面积

在试样的两端及中间处测量厚度与宽度，按 $S_0=a_0b_0$ 计算横截面面积，将 3 处横截面面积的算术平均值作为试样原始横截面积，并至少保留 4 位有效数字。

(3) 接通电源

接通测力仪电源，并将测力仪开关置于“开”状态。接通应变仪电源，对应变仪进行预热。

(4) 连接导线

将各个测点的应变计按照单臂半桥接线法接至应变仪测量通道上；也可按图 6-3 所示的全桥接线法接至应变仪测量通道上。

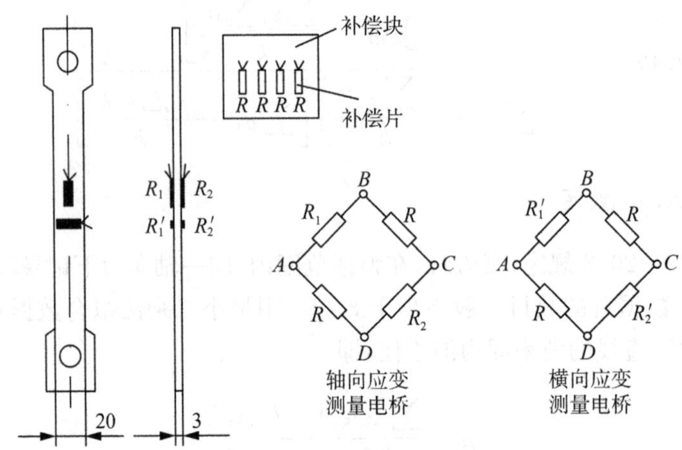

图 6-3　*E*、*u* 测定试件及组桥

(5) 应变仪参数设置

检查应变仪参数设置，电阻阻值和灵敏系数是否与应变计一致，若不一致，必须重新设置。

(6) 测试

本实验取初始荷载 $F_0=0.4$ kN，$F_{max}=3.2$ kN。首先进行预加载，从 0 至最大荷载 3.2 kN，重复 3 次；通过预加载检查设备工作是否正常，检查试样对中情况，消除应变计滞后影响。

预加载没有出现异常情况，再进行正式加载，初始荷载 0.4 kN，以 $\Delta F=0.4$ kN 逐级加载至最大荷载 3.2 kN，然后卸载，重复 3 次，记录各级荷载作用下的读数应变。

6.6　扩展阅读材料

[1] ASTM. Standard test method for Young's modulus, tangent modulus, and chord modulus: E111-17[S]. PA, US, 2017.

[2] ASTM. Standard test method for Poisson's ratio at room temperature: E132-17[S]. PA, US, 2017.

6.7　思考题

(1) 试件的尺寸和形状对测定弹性模量 E 和泊松比 μ 有无影响？为什么？

(2) 为何沿试件纵向轴线方向的两面粘贴电阻应变计？

(3) 如试件上应变计粘贴时与试件轴线出现平移或角度差，对实验结果有无影响？

(4) 如何提高弹性模量和泊松比的测试精度？

实验 7 弯曲正应力分布实验

7.1 实验目的

(1) 测定梁纯弯曲时的正应力分布规律，并与理论计算结果进行比较。

(2) 熟练应用电测的基本方法进行应变测试，掌握多点应变测量技术。

7.2 实验设备

纯弯曲梁实验装置(见图 7-1)、静态电阻应变仪、矩形截面梁

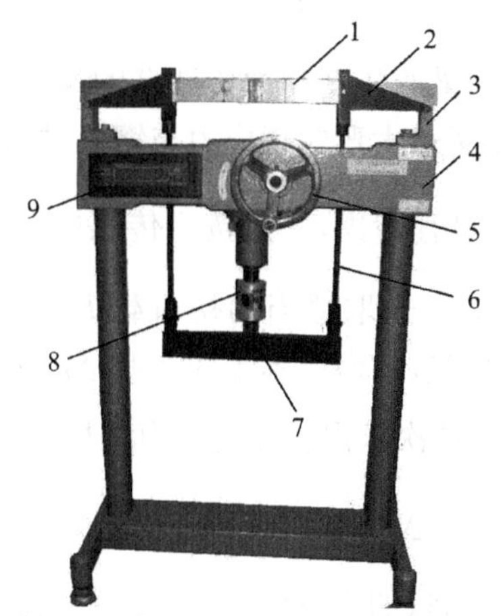

1—弯曲钢梁；2—定位板；3—支座；4—实验机架；5—加载手轮；
6—加载杆；7—加载横梁；8—力传感器；9—测力仪表。

图 7-1 纯弯曲梁实验装置

7.3 实验原理

试样采用低碳钢制成的矩形截面梁，宽度 b 为 20 mm，高度 h 为 40 mm，梁上表面加载位置到支座的距离 a 为 150 mm，见图 7-2。在梁 AB 承受纯弯曲变形的 CD 部分的某一截面上，根据梁的高度 h，每隔 $h/4$ 贴上平行于轴线方向的电阻应变计，其中 R_6 和

R_7 分别贴在梁的上、下边缘，R_2、R_3 分别粘贴在上、下 $h/4$ 的位置；R_1 粘贴在 $h/2$ 的位置上。另外，在梁底部沿垂直于梁轴线方向粘贴电阻应变计 R_8。当梁弯曲时，即可测出各点处的应变 $\varepsilon_{i实}(i=1、2、3、4、5、6、7、8)$。由于梁的各层纤维之间无挤压，根据单向应力状态的胡克定律，求出各点的实验应力为：

$$\sigma_{i实}=E\varepsilon_{i实}(i=1、2、3、4、5、6、7、8)$$

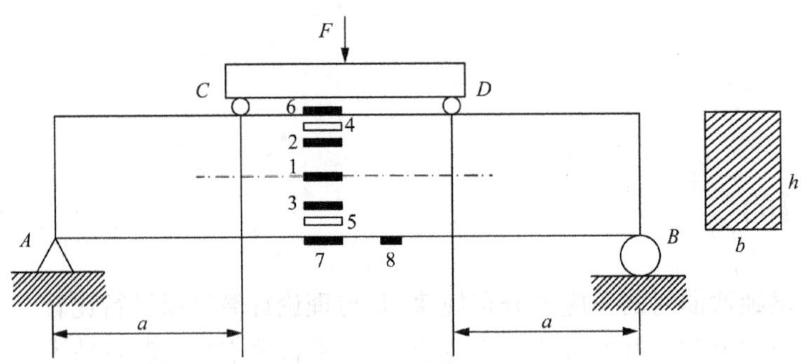

图 7-2 矩形截面梁

梁纯弯曲时的正应力公式为：

$$\sigma=\frac{My}{I_z} \tag{7-1}$$

实验采用增量法加载。根据钢梁的强度和力传感器的量程估算最大实验荷载 F_{max}。根据钢梁的强度计算，F_{max} 应按钢梁最大弯曲正应力与钢梁材料的许用应力进行校核，即 $F_{max}\leqslant\frac{bh^2}{3a}[\sigma]$；再根据力传感器的量程考虑，一般按力传感器的标称最大荷载确定；最后取两者计算结果的较小值确定 F_{max}。选取适当的初荷载 F_0，一般为 F_{max} 的 10%左右。由 F_0 至 F_{max} 可分成四级或五级加载，每增加等量的荷载 ΔF，测得各点相应的应变增量为 $\Delta\varepsilon_{i实}$，求出 $\Delta\varepsilon_{i实}$ 的平均值 $\overline{\Delta\varepsilon_{i实}}$，依次求出各点的应力增量 $\Delta\sigma_{i实}$ 为：

$$\Delta\sigma_{i实}=E\overline{\Delta\varepsilon_{i实}} \tag{7-2}$$

根据公式(7-1)计算各点应力增量的理论值有：

$$\Delta\sigma_{i理}=\frac{\Delta My_i}{I_z} \tag{7-3}$$

式中：$\Delta M=\frac{1}{2}\Delta Fa$。

将测量应力增量 $\Delta\sigma_{i实}$ 与理论应力增量 $\Delta\sigma_{i理}$ 进行比较，验证理论公式的正确性。

根据 R_7 和 R_8 应变计测得的数据，计算横向变形系数 μ：

$$\mu=\left|\frac{\Delta\varepsilon_8}{\Delta\varepsilon_7}\right| \tag{7-4}$$

7.4　实验步骤

(1) 根据低碳钢的许用应力和力传感器的量程确定最大实验荷载，并根据该荷载确定每次加载的增量。

(2) 分别将各测点的工作片、补偿片接入电阻应变仪，预调平衡。

(3) 请指导教师检查后，开始预加载，预加荷载 5 kN，检查加载设备和应变仪是否处于正常工作状态，然后卸载。

(4) 测试时要缓慢加载，先预加 0.5 kN，应变仪调零，每次荷载的增量为 1 kN；注意应变是否按比例增长，每个测点加载后卸载，重复三次。重复加载中出现的误差大小，可表明测量的可靠程度，应获得具有重复性的可靠实验结果。测完一点再换另一点，直至全部测完。

(5) 小心操作，应特别注意不要超载，最大荷载不得超过 5 kN。

(6) 实验结束后，应将导线从电阻应变仪上拆除，整理好放回原处。

7.5　实验结果的处理

(1) 根据实验数据，逐点算出应变增量平均值 $\overline{\Delta\varepsilon_{i实}}$，代入公式(7-2)求出 $\Delta\sigma_{i实}$。

(2) 根据公式(7-3)计算各点弯曲正应力的理论值 $\Delta\sigma_{i理}$。

(3) 将实验值与理论值进行比较，计算相对误差。

(4) 绘制应变与梁高的分布曲线，验证是否存在中性轴，根据各点的应变数据计算中性轴位置；分析纯弯曲正应变分布是否满足平截面假定，由此推断材料在线弹性范围时应力分布的情况。

(5) 根据公式(7-4)计算钢梁的横向变形系数 μ，并与钢梁的实际横向变形系数比较。

7.6　思考题

(1) 在梁的纯弯曲段内，若应变计粘贴的位置稍偏左或者偏右，对测试结果是否有影响？为什么？

(2) 弯曲正应力的分布与材料弹性模量 E 是否有关系？如果拉伸弹性模量与压缩弹性模量不一致，弯曲正应力将如何分布？

(3) 什么是中性轴？如何根据实验结果计算出实测中性轴的位置？中性轴是否一定过横截面的形心？

(4) 如果测量钢梁的横向变形系数 μ 非常接近钢梁的实际横向变形系数，这说明了什么？

(5) 若低碳钢的许用应力$[\sigma]=170$ MPa，则弯曲实验装置中的钢梁能承受的最大荷载是多少？为什么本弯曲实验装置的最大荷载设置为 5 kN？

实验 8　薄壁圆管弯扭组合应力测定实验

8.1　实验目的

(1) 用三轴应变计测定薄壁圆管在弯扭组合条件下一点处的主应力和主方向。

(2) 测定薄壁圆管在弯扭组合条件下的弯矩、扭矩和剪力等内力。

(3) 了解在组合变形情况下测量某一内力的方法。

8.2　实验设备

(1) 静态电阻应变仪；

(2) 薄壁圆管弯扭组合装置，见图 8-1。

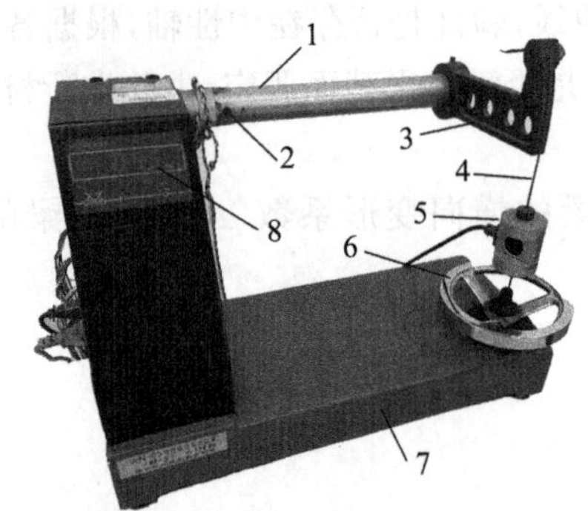

1— 薄壁圆管；2—三轴应变计；3—扇臂；4—钢索；5—力传感器；6—加载手轮；7—机架底座；8— 测力仪表。

图 8-1　弯扭组合实验装置图

试样弹性模量 $E=72$ GPa，泊松比 $\mu=0.33$，试样尺寸见表 8-1。

表 8-1　试样参数表

单位：mm

外径 D	内径 d	扭转力臂 b	弯曲力臂 L
40	34	200	300

8.3　实验原理

8.3.1　测定主应力和主方向

本次实验以铝合金薄壁圆管为测试对象，圆管一端固定，另一端连接与之垂直的扇臂，通过旋转加载手轮施加集中荷载，由力传感器测出力的大小。荷载作用在扇臂外端，圆筒在荷载作用下为扭弯组合变形。测定圆管位于固定端附近某一截面上，4 个测点的主应力和主方向，见图 8-2。

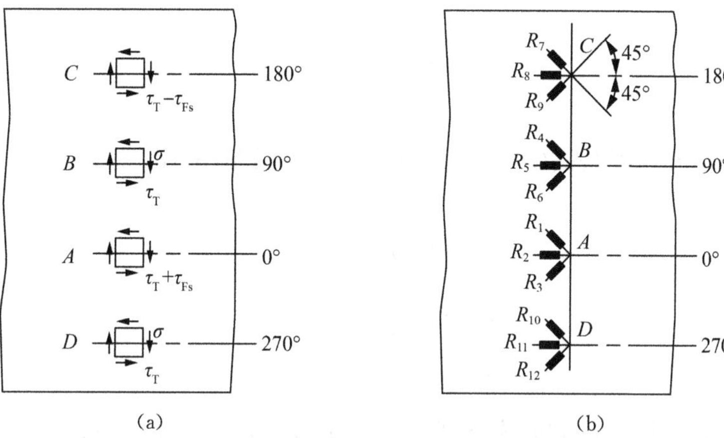

图 8-2　测点应力状态与贴片位置

平面应力状态下任一点的应力状态可以由三个应力分量(σ_x、σ_y 和 τ_{xy})确定，根据这三个应力分量可以计算出主应力和主方向。那么如何测量三个应力分量呢？这就需要应用三轴应变计(又称应变花)测出一点处沿三个不同方向的应变 ε_a、ε_b 及 ε_c，见图 8-2。根据应变分析公式(8-1)，可由这三个实测应变计算出三个应变分量 ε_x、ε_y 和 γ_{xy}，再运用广义胡克定律可计算出三个应力分量。在弯扭组合下，圆管表面的点处于平面应力状态，根据应变分析，与 x 轴成 α 角方向上的线应变为：

$$\varepsilon_\alpha=\frac{\varepsilon_x+\varepsilon_y}{2}+\frac{\varepsilon_x-\varepsilon_y}{2}\cos 2\alpha-\frac{1}{2}\gamma_{xy}\sin 2\alpha \tag{8-1}$$

三轴应变计由三个应变计间隔一定的角度组成。如图 8-3 所示，a、b、c 三个应变计的角度分别为−45°、0°和 45°，实际测得的应变分别为 ε_{-45°、ε_{0°、ε_{45°，代入公式(8-1)可得：

$$\begin{aligned}\varepsilon_{-45^\circ}&=\frac{\varepsilon_x+\varepsilon_y}{2}+\frac{\gamma_{xy}}{2}\\ \varepsilon_{0^\circ}&=\varepsilon_x\\ \varepsilon_{45^\circ}&=\frac{\varepsilon_x+\varepsilon_y}{2}-\frac{\gamma_{xy}}{2}\end{aligned} \tag{8-2}$$

通过公式(8-2)可求出三个应变分量 ε_x、ε_y 和 γ_{xy}：

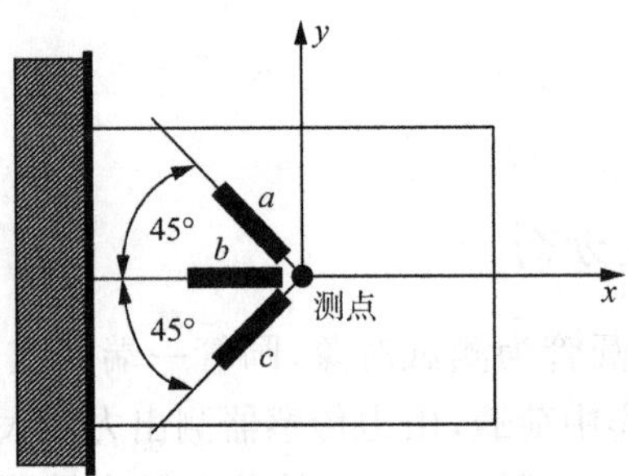

图 8-3　三轴应变计(45°)

$$
\begin{aligned}
\varepsilon_x &= \varepsilon_{0^\circ} \\
\varepsilon_y &= \varepsilon_{45^\circ} + \varepsilon_{-45^\circ} - \varepsilon_{0^\circ} \\
\gamma_{xy} &= \varepsilon_{-45^\circ} - \varepsilon_{45^\circ}
\end{aligned} \tag{8-3}
$$

再由广义胡克定律[公式(8-4)]可得到三个应力分量(σ_x、σ_y 和 τ_{xy})：

$$
\begin{aligned}
\sigma_x &= \frac{E}{1-\mu^2}(\varepsilon_x + \mu\varepsilon_y) \\
\sigma_y &= \frac{E}{1-\mu^2}(\mu\varepsilon_x + \varepsilon_y) \\
\tau_{xy} &= G\gamma_{xy}
\end{aligned} \tag{8-4}
$$

最后可根据公式(8-5)和公式(8-6)分别计算出主应力和主方向。

$$
\sigma_{1,2} = \frac{\sigma_x + \sigma_y}{2} \pm \sqrt{\left(\frac{\sigma_x - \sigma_y}{2}\right)^2 + \tau_{xy}^2} \tag{8-5}
$$

$$
\tan 2\alpha_0 = -\frac{2\tau_{xy}}{\sigma_x - \sigma_y} \tag{8-6}
$$

8.3.2　测定弯矩

薄壁圆管虽处于弯扭组合作用下，但在 B、D 两点处沿 x 方向上(即沿 0°方向)应变计只有因弯曲引起的拉压应变，且两者数值等值反号。因此，将 B 和 D 点沿 x 方向上的应变计采用双臂半桥接线法接入应变仪，则应变读数为：

$$
\varepsilon_d = (\varepsilon_0 + \varepsilon_T) - (-\varepsilon_0 + \varepsilon_T) = 2\varepsilon_0
$$

式中 ε_T 为温度应变，ε_0 为因弯曲引起的应变。求得弯曲应力为：

$$
\sigma = E\varepsilon_0 = \frac{E\varepsilon_d}{2}
$$

由理论解可求得弯曲应力为：

$$
\sigma = \frac{MD}{2I} = \frac{32MD}{\pi(D^4 - d^4)}
$$

由以上两式相等,可求得弯矩为:

$$M=\frac{E\pi(D^4-d^4)}{64D}\varepsilon_d \tag{8-7}$$

8.3.3 测定扭矩

当圆管受扭转时,A、C 两点的三轴应变计中 45°和−45°都沿主应力方向,但两点的主应力的大小却不相同。由于圆管是薄壁结构,不能忽略由剪力产生的弯曲切应力,因此在A、C 两点处的应力是扭转切应力τ_T 与弯曲切应力τ_S 的合成。A 点的扭转切应力与弯曲切应力的方向相同,故切应力相加;C 点的扭转切应力与弯曲切应力的方向相反,故切应力相减,见图 8-4。由胡克定律可以得到:

A 点: $\tau^A=\tau_T+\tau_S \quad \sigma_{45}{}^A=-(\tau_T+\tau_S) \quad \sigma_{-45}{}^A=\tau_T+\tau_S$

$$\varepsilon_{45}{}^A=-\frac{1+\mu}{E}(\tau_T+\tau_S) \quad \varepsilon_{-45}{}^A=\frac{1+\mu}{E}(\tau_T+\tau_S)$$

C 点: $\tau^C=\tau_T-\tau_S \quad \sigma_{45}{}^C=-(\tau_T-\tau_S) \quad \sigma_{-45}{}^C=\tau_T-\tau_S$

$$\varepsilon_{45}{}^C=-\frac{1+\mu}{E}(\tau_T-\tau_S) \quad \varepsilon_{-45}{}^C=\frac{1+\mu}{E}(\tau_T-\tau_S)$$

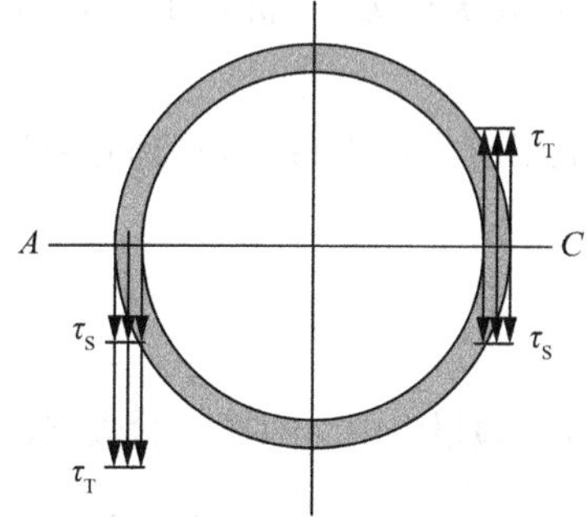

图 8-4 A、C 点切应力分布

若按四臂全桥测量接线法,则有:

$$\varepsilon_d=\varepsilon_{-45}{}^A-\varepsilon_{45}{}^A+\varepsilon_{-45}{}^C-\varepsilon_{45}{}^C=\frac{4(1+\mu)}{E}\tau_T$$

从上式可见,通过电桥接线的设计消除了弯曲切应力,故有:

$$\tau_T=\frac{E}{4(1+\mu)}\varepsilon_d$$

通过扭转切应力计算公式,可得:

$$\tau_T=\frac{TD}{2I_p}=\frac{16TD}{\pi(D^4-d^4)}$$

由以上两式可得扭矩 T 为:

$$T=\frac{E\varepsilon_{\mathrm{d}}}{4(1+\mu)}\cdot\frac{\pi(D^4-d^4)}{16D} \tag{8-8}$$

8.3.4 测定剪力

剪力的测试原理与扭矩的测试原理完全相同，只要调整桥路的接线，便可消除扭转切应力，得到弯曲切应力，进一步计算出剪力。这一问题可独立思考完成。

8.4 实验步骤

(1) 实验准备

根据实验装置拟定加载方案。

(2) 仪器准备

将各测点电阻应变计的导线接到电阻应变仪上，依次将各点预调平衡。

(3) 正式实验

根据加载方案，逐级加载，预加 50 N，每级荷载 100 N，注意最大荷载不得超过 500 N，逐点逐级测量并记录测得数据，测量完毕，卸载。以上过程可重复一次，检查两次数据是否相同。若个别测点出现较大偏差，应进行单点复测，得到可靠的实验数据。

(4) 实验结束

实验结束后，应将导线从电阻应变仪上拆除，整理好放回原处。

8.5 实验数据的处理

将整理后的实验数据填写在实验报告中。根据实验数据，应用公式(8-5)和公式(8-6)求出各测点的主应力和主方向，并与理论结果进行比较。

根据不同的桥路接线方式、内力与应变读数的关系，计算出内力，并与理论结果进行比较。

8.6 扩展阅读材料

[1] Sharpe W N. Handbook of experimental solid mechanics[M]. New York，US：Springer，2008.

[2] Gdoutos E E. Experimental mechanics an introduction[M]. Cham，Switzerland：Springer，2022.

[3] Keil S. Technology and practical use of strain gages[M]. Wilhelm Ernst & Sohn，2017.

8.7　思考题

(1) 测弯矩时，可用两个纵向应变计组成相互补偿电路，也可用一个纵向应变计并外接补偿电路。这两种方法哪种较好，好在哪里？

(2) 测扭矩时，在一个测点粘贴两个与圆管轴线成±45°的应变计，或一个成 45°的应变计，能否测定扭矩？

(3) 测剪力时，贴片位置对实验结果是否有影响，如果有，大概是多少？如考虑了贴片位置的影响，如何评定实验结果？

(4) 本实验能否用二轴 45°应变花代替三轴 45°应变花来确定主应力的大小和方向？

(5) A 和 C 测点的主应力为何不相同？是什么原因引起的？能不能改变加载方式使之一样？

(6) 本实验中哪些测点能用二轴应变计代替三轴应变计来确定主应力的大小？

(7) 绘制 A、B 测点的实测应力圆和理论计算的应力圆，两者的圆心偏离多少？两者的半径又相差多少？

实验 9 压杆稳定实验

9.1 实验目的

(1) 观察压杆失稳现象。

(2) 用电测法确定两端铰支、一端铰支和一端固支约束条件下细长压杆的临界力 F_{cr},并与理论值进行比较。

9.2 实验设备和试样

(1) 拉压实验装置　　一台
(2) 矩形截面压杆　　一根
(3) 静态电阻应变仪　　一台
(4) 铰支承　　两套
(5) 固定支承　　一套

拉压实验装置见图 9-1(a),它由 6 个部分组成,分别是:
1—支承底座
2—加载系统
3—支承框架
4—活动横梁
5—力传感器
6—测力仪表

通过加载系统的手轮调节力传感器和活动横梁中间的距离,将已粘贴好应变计的矩形截面压杆安装在力传感器和活动横梁的中间,见图 9-1(b),压杆上下支承座可变换支承形式。

矩形截面压杆尺寸为:
厚度 $h=3.00$ mm,
宽度 $b=18.00$ mm,
长度 $l=350$ mm,
材料为 65 Mn,弹性模量 $E=210$ GPa;应变计粘贴位置见图 9-2(a)。

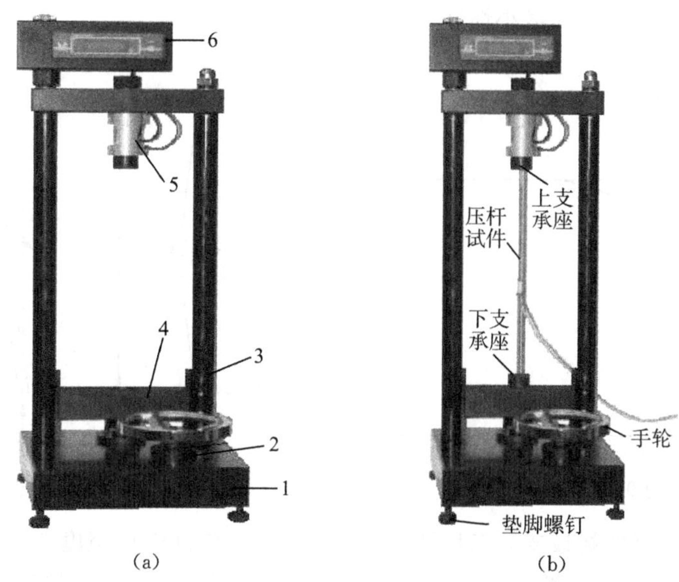

图 9-1　拉压实验装置

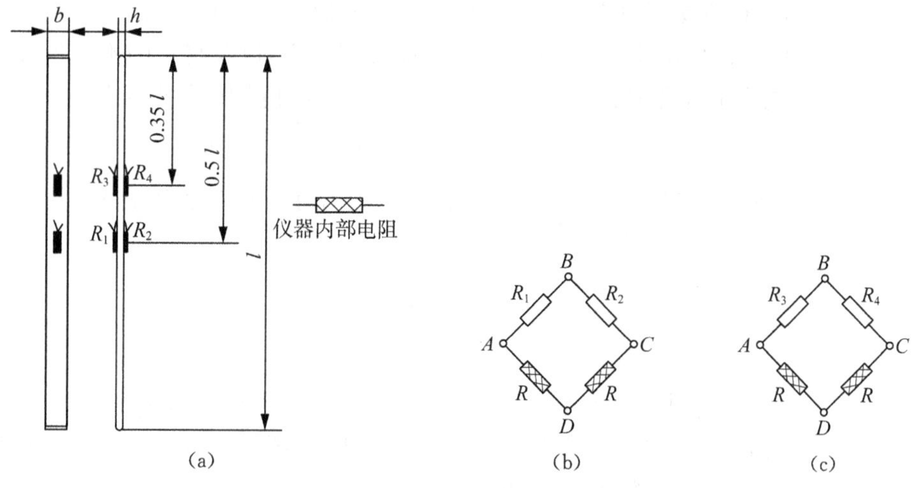

图 9-2　压杆及测量电桥

9.3　实验原理和方法

9.3.1　两端铰支压杆

对于两端铰支的中心受压的细长杆，其临界压力为：

$$F_{cr}=\frac{\pi^2 EI_{min}}{l^2} \tag{9-1}$$

式中：l——压杆长度；

I_{min}——压杆横截面的最小惯性矩。

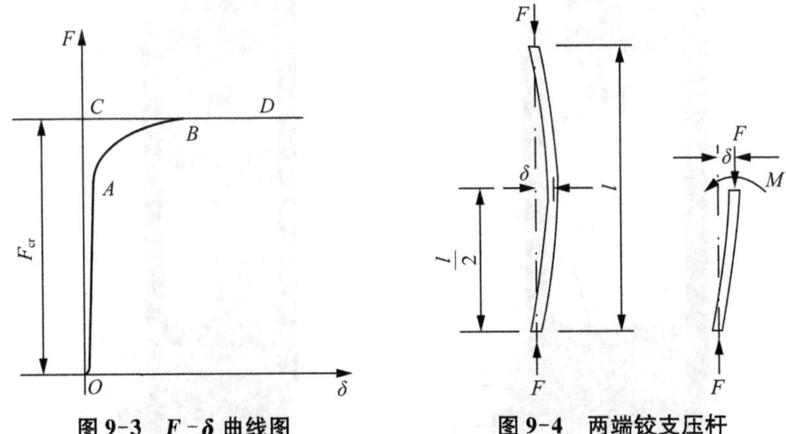

图 9-3　$F-\delta$ 曲线图　　图 9-4　两端铰支压杆

假设理想压杆(两端铰支),若以压力 F 为纵坐标,压杆中点挠度 δ 为横坐标,按小挠度理论绘出的 $F-\delta$ 曲线图,见图 9-3。当压杆所受压力 F 小于试件的临界压力 F_{cr} 时,中心受压的细长杆在理论上保持直线形状,杆件处于稳定平衡状态,在 $F-\delta$ 曲线图中即为 OC 段直线;当压杆所受压力 $F \geqslant F_{cr}$ 时,杆件因丧失稳定而弯曲,在 $F-\delta$ 曲线图中即为 CD 段直线。由于试件可能有初曲率,压力可能存在偏心,以及材料的不均匀等因素,实际的压杆不可能完全符合中心受压的理想状态。在实验过程中,即使压力很小时,杆件也会发生微小弯曲,中点挠度随压力的增加而增大。若令压杆轴线为 x 坐标,压杆下端点为坐标轴原点,见图 9-4,则在 $x=\frac{l}{2}$ 处,横截面上的内力有压力 F 和弯矩 $M_{x=\frac{l}{2}}=F\delta$,横截面上的应力为:

$$\sigma=-\frac{F}{A}\pm\frac{My}{I_{min}} \tag{9-2}$$

在 $x=l/2$ 处沿压杆轴向已粘贴两片应变计 R_1、R_2,按图 9-2(b)半桥测量电路接至应变仪上,可消除由轴向力产生的应变,此时,应变仪测得的应变只是由弯矩 M 引起的应变,应变仪读数应变是弯矩 M 引起应变的两倍,即:

$$\varepsilon_M=\frac{\varepsilon_d}{2} \tag{9-3}$$

由此可得测点处弯曲正应力:

$$\sigma=\frac{M\frac{h}{2}}{I_{min}}=\frac{F\delta\frac{h}{2}}{I_{min}}=E\varepsilon_M=E\frac{\varepsilon_d}{2} \tag{9-4}$$

并可导出 $x=\frac{l}{2}$ 处压杆挠度 δ 与应变仪读数应变之间的关系式:

$$\varepsilon_d=\frac{Fh}{EI_{min}}\delta,\quad \delta=\frac{EI_{min}}{Fh}\varepsilon_d \tag{9-5}$$

由上式可见，在一定的力 F 作用下，应变仪读数应变 ε_d 的大小反映了压杆挠度 δ 的大小，可将图 9-3 中的挠度 δ 横坐标用读数应变 ε_d 来替代，绘制出 $F-\varepsilon_d$ 曲线图。当 F 远小于 F_{cr} 时，随着力 F 增加，δ 几乎不变，因此应变 ε_d 很小，缓慢地增加（OA 段）；而当力 F 趋近于临界力 F_{cr} 时，δ 变化很快，应变 ε_d 随之急剧增加（AB 段）。曲线 AB 是以直线 CD 为渐近线的，因此，可以根据渐近线 CD 的位置来确定临界力 F_{cr}。

9.3.2　一端固定一端铰支压杆

对于一端固定一端铰支的中心受压的细长杆，其临界压力为：

$$F_{cr}=\frac{\pi^2 EI_{\min}}{(0.7l)^2} \tag{9-6}$$

一端固定、一端铰支的压杆在受到一定大小的力 F 作用时，见图 9-5。C 点离固定端 $0.7l$，其弯矩接近于零，C 点可看成铰支约束。这样在离铰支端 $0.7l$ 的中间截面上（即 $0.35l$ 处），其变化规律与两端铰支约束时，$x=l/2$ 处的变化相同。在该截面也粘贴两片应变计，组成图 9-2(c)半桥测量电路接至应变仪，当 F 远小于 F_{cr} 时，随力 F 增加，应变 ε_d 缓慢增加（OA 段）；而当力 F 趋近于临界力 F_{cr} 时，应变 ε_d 急剧增加（AB 段）。曲线 AB 是以直线 CD 为渐近线的，因此，可以根据渐近线 CD 的位置来确定一端固定、一端铰支压杆的临界力 F_{cr}。

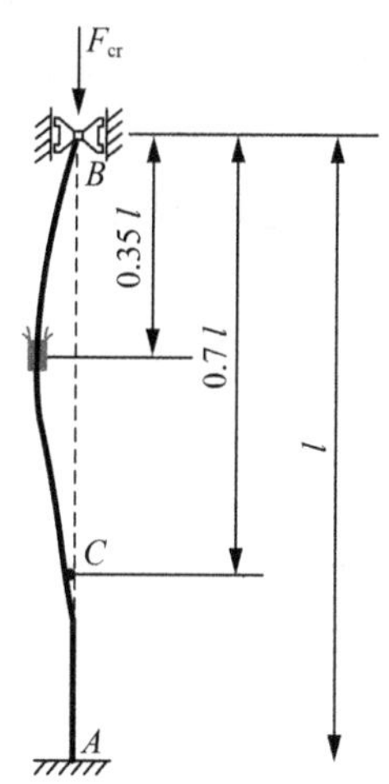

图 9-5　一端固定一端铰支压杆

9.4　实验步骤

9.4.1　两端铰支压杆

(1) 将压杆两端安装铰支承；

(2) 估算两端铰支承时，压杆的临界力 F_{cr}；

(3) 接通测力仪表电源，打开测力仪表开关(在仪表后面)；

(4) 将应变计导线接至应变仪；

(5) 在力 F 为零时，将应变仪测量通道置零；

(6) 旋转手轮对压杆施加荷载。要求分级加荷载，并记录 F 值和 ε_d 值。压杆应变读数 ε_d 不超过 1 000 $\mu\varepsilon$。

9.4.2 一端铰支承和一端固定压杆

(1) 将压杆一端安装铰支承(上端)，另一端安装固定支承(下端)；

(2) 估算一端固支，一端铰支时，压杆的临界力 F_{cr}；

(3) 将应变计导线接至应变仪；

(4) 在力 F 为零时将应变仪测量通道置零；

(5) 旋转手轮对压杆施加荷载，要求分级加荷载，并记录 F 值和 ε_d 值，压杆应变读数 ε_d 不超过 1 000 $\mu\varepsilon$。

9.4.3 注意事项

(1) 在 F 远小于 F_{cr} 段，分级可粗些(见图 9-6 曲线中初始加载，远低于临界荷载，近似直线部分)，大致可分 5 级加载，根据荷载变化记录数据；

(2) 当接近 F_{cr} 时，分级要细(见图 9-6 曲线接近临界荷载部分)，此时应根据应变变化记录数据，每级 50～70 $\mu\varepsilon$；若连续加载 3 级，记录的荷载 F 不变时，此荷载即可定为临界力 F_{cr}；

(3) 在加载过程中要注意压杆的变化，一旦发现压杆有明显弯曲变形时，要即刻卸去荷载，以免发生意外。

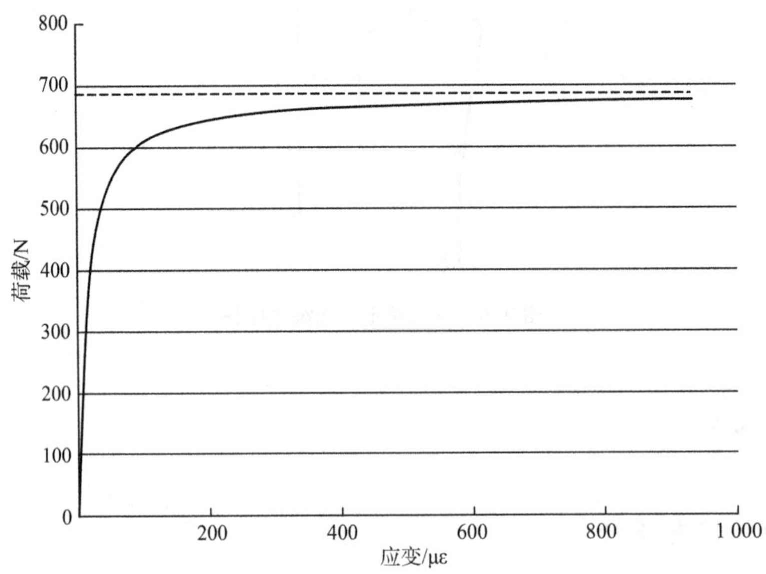

图 9-6 实测荷载-应变曲线图

9.5　实验结果处理

(1) 根据实验自行设计表格，记录实验数据；

(2) 绘制两种约束条件下的 $F-\varepsilon_d$ 实验曲线，确定相应的临界力值 F_{cr}；

(3) 计算两种约束条件下的临界力理论值 F_{cr}，并与实测 F_{cr} 相比较。

9.6　思考题

(1) 在不同约束支撑条件下，细长压杆失稳时的变形特征有何不同？

(2) 临界力测定结果和理论计算结果之间的差异主要是由哪些因素引起的？

(3) 压杆稳定实验试样的两端是什么形状的？为什么做成这样？

(4) 压杆稳定实验试样的两端约束是如何施加的？

(5) 根据试样的形状和约束条件，压杆的长度应该如何确定？

(6) 从测试结果的曲线中能不能估算出压杆变形的最大挠度？

(7) 如何从原始数据推算出临界力值 F_{cr}？

实验 10 开口薄壁梁弯心测定实验

10.1 实验目的

（1）测定弯曲中心位置。
（2）测定荷载作用于不同位置时，腹板中点的弯曲切应力。
（3）测定荷载作用于不同位置时，腹板中点的扭转切应力。

10.2 实验设备和试样

（1）开口薄壁梁实验装置，见图 10-1。

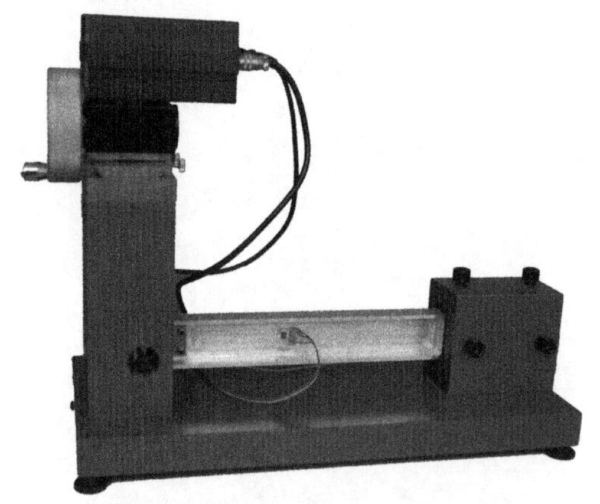

图 10-1 开口薄壁梁实验装置

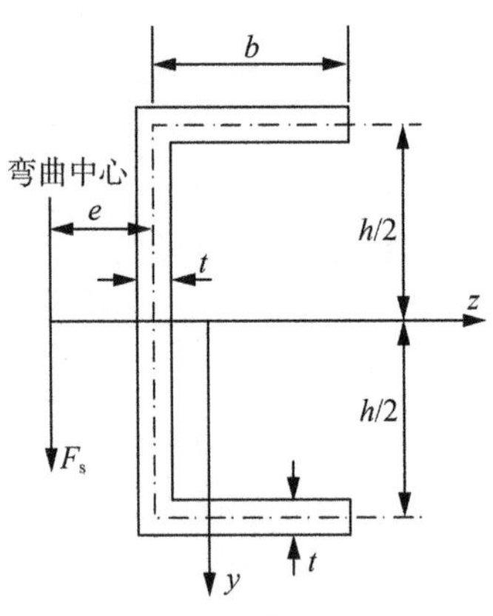

图 10-2 横截面示意图

（2）静态数字电阻应变仪。
（3）试样为悬臂开口薄壁梁，其横截图示意图见图 10-2，具体尺寸见表 10-1。

表 10-1 参数的尺寸

单位：mm

参数	b	h	t
尺寸	22.0	44.0	4.00

10.3　实验原理

若杆件有纵向对称平面，且横向力作用于对称平面，则杆件只可能在纵向对称平面内发生弯曲，不会有扭转变形。若横向力作用面不是纵向对称平面，即使是形心主惯性平面，杆件除弯曲变形外，还将发生扭转变形。只有当横向力通过截面某一特定点时，杆件只有弯曲变形没有扭转变形。横截面内的这一特定点称为弯曲中心，简称弯心。

弯心的位置可由下式确定：

$$e=\frac{h^2b^2t}{4I_z} \tag{10-1}$$

开口薄壁梁上已粘贴的应变计，离梁的固定端 170 mm。在梁的内、外侧中性轴位置，分别粘贴了与梁轴线成±45°角的应变计。根据材料力学中有关弯曲中心的内容和应变电测原理，自行设计实验方案。根据实验方案，确定连接桥路和加载方式等，测量弯曲中心的位置、腹板中点的弯曲切应力和扭转切应力，并将其与理论值相比较。

10.4　实验报告

实验报告的主要内容包括：

(1) 用材料力学知识计算开口薄壁梁的弯曲中心；

(2) 设计实验方案；

(3) 设计实验原始数据表格并完成记录；

(4) 实验数据分析过程和结论。

10.5　思考题

(1) 确定开口薄壁弯曲中心有何意义？

(2) 开口薄壁结构如何进行强度校核，如何确定危险截面和危险点？如果采用实验方法能否测出危险点的主应力？

(3) 测定该实验装置的弯曲中心，还有哪些方案？

实验 11 动荷系数测量实验

11.1 实验目的

(1) 了解动荷系数的测量原理。

(2) 掌握动态应变的测试原理和方法。

(3) 掌握动态应变仪的使用。

(4) 了解数据采集系统的使用方法和动态测量数据的分析方法。

11.2 实验设备

等强度梁或简支梁,见图 11-1、图 11-2;动态电阻应变仪;计算机数据采集系统;落锤冲击实验装置(冲击采样波形见图 11-3);游标卡尺和卷尺。

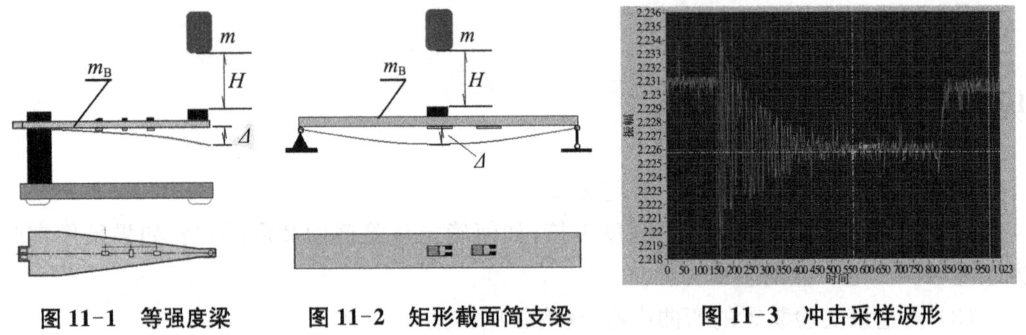

图 11-1 等强度梁　　图 11-2 矩形截面简支梁　　图 11-3 冲击采样波形

11.3 实验原理

本实验采用等强度梁或矩形截面简支梁,在等强度梁端部或简支梁中央受到重物 m 在高度 H 处自由落下的冲击作用。由理论可知发生冲击弯曲时,最大动载应力按 $\sigma_{\mathrm{dmax}}=K_{\mathrm{d}}\sigma_{\mathrm{stmax}}$ 确定,其中动荷系数 K_{d} 为

$$K_{\mathrm{d}}=1+\sqrt{1+\frac{2H}{\Delta_{\mathrm{st}}}} \quad \text{(不考虑梁的质量)} \tag{11-1}$$

$$K_d = 1 + \sqrt{1 + \frac{2H}{\Delta_{st}(1 + \alpha \frac{m_B}{m})}} \quad (考虑梁的质量) \tag{11-2}$$

式中：H——冲击物下落高度；

Δ_{st}——受冲击梁在等值静载作用下的挠度；

m_B——被冲击试样的质量；

m——冲击物的质量；

α——受冲击梁为等强度梁时取 0.066 667，为简支梁时取 0.485 7。

在等强度梁或简支梁的上下表面分别贴上互为补偿的两片（或四片）应变计，用导线接入动态应变仪及数据采集系统。将重物 m 静止放在梁上可测得同一点的静应变 ε_j。当重物 m 从 H 高度落下冲击简支梁时，可测出动应变峰值 ε_{dmax}。则动荷系数实测值为：

$$K_{d测} = \frac{\varepsilon_{dmax}}{\varepsilon_j} \tag{11-3}$$

11.4　实验步骤

（1）记录等强度梁或简支梁的几何尺寸及材料的弹性模量。

（2）测量重物的质量及被冲击试样的质量。

（3）连接导线，将梁上的应变计按半桥接法接入接线盒，然后将接线盒接入动态电阻应变仪的输入插座。将动态电阻应变仪的输出端接入计算机数据采集系统。

（4）按照动态电阻应变仪的操作规程，设置好各项参数，按照计算机数据采集系统的操作规程，设置好各项参数。

（5）进行应变标定：桥路调平衡后，给出应变标定信号，记录在应变标定信号下的测量值，并计算出测量值与应变标定信号的对应关系。

（6）将重物放置在梁预定的位置上，测量在重物作用下梁的静应变输出。

（7）将重物放置在预定的冲击高度 H 位置，无初速释放重物冲击梁，测量在重物冲击作用下梁的动应变输出，见图 11-4。

（8）计算动荷系数的理论值和实验值，并比较两者的偏差。

11.5　注意事项

（1）实验前应检查应变计及接线，不得有松动、断线或短路，否则会引起仪器的严重不平衡，输出电流过大而导致仪器受损。测量静应变时，重锤要缓慢放下。

（2）实验中，严禁将手伸入重锤下方。

（3）数据采集系统各项参数设置应按规定进行设置，不能随意设置。

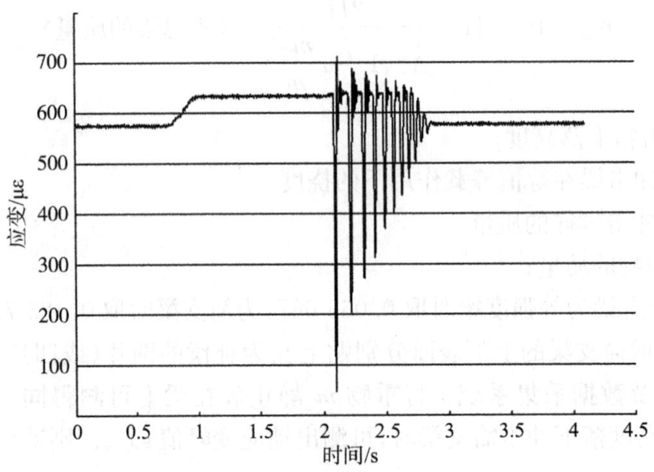

图 11-4　实测冲击波形

11.6　实验报告要求

自行设计并完成实验报告,实验报告的主要内容应包括:

(1) 实验名称;

(2) 实验目的;

(3) 仪器名称、规格;

(4) 实验方案概述;

(5) 绘制实验装置草图;

(6) 原始数据记录;

(7) 原始数据分析计算过程;

(8) 实验结论。

实验报告中的数据可用图形或者表格的形式表达。

实验 12 电测法测定衰减振动参数实验

12.1 实验目的

(1) 了解衰减振动法测量系统固有频率和阻尼系数的原理。

(2) 掌握利用动态应变的测量方法测量悬臂梁的固有频率和阻尼比。

(3) 了解相关测试仪器的基本原理和操作方法。

(4) 了解计算机数据采集软件的使用和实验数据的分析方法。

12.2 实验装置

等强度梁、矩形截面简支梁实验装置;动态电阻应变仪;计算机数据采集系统,见图 12-1;橡皮锤。

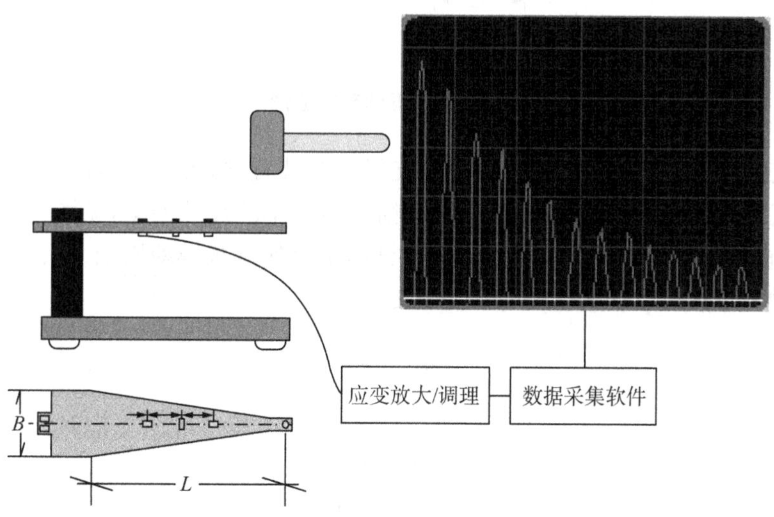

图 12-1 测试系统、实验仪器与测量系统示意图

12.3 实验原理

假设梁的厚度为 h，质量集中于自由端的等强度梁固有频率为

$$f_0=\frac{1}{2\pi}\sqrt{\frac{EI}{6mgL^3}} \tag{12-1}$$

式中：E——梁材料弹性模量；

I——梁横截面惯性矩；

L——梁的长度；

m——梁的质量。

质量集中于跨中的简支梁一阶固有频率为

$$f_0=\frac{2}{\pi}\sqrt{\frac{3EI}{mgL^3}} \tag{12-2}$$

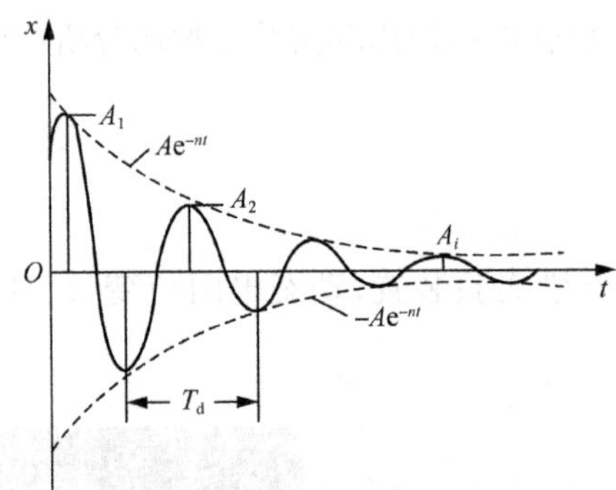

图 12-2 振动衰减波形

用橡皮锤敲击等强度梁或矩形截面简支梁实验装置(瞬态激振)，试验梁获得初始速度作自由振动，因存在阻尼，自由振动为振幅逐渐减小的衰减振动，见图 12-2。阻尼越大，振幅衰减越快。根据记录曲线可分别计算出系统的衰减振动周期 T_d、衰减振动频率 f_d、对数减幅系数(对数衰减比)δ 及阻尼比 ζ。

$$T_d=\frac{\Delta t}{i}$$

$$f_d=\frac{1}{T_d} \tag{12-3}$$

$$\delta=\frac{1}{i}\ln\frac{A_1}{A_{i+1}}$$

$$\zeta=\frac{\delta}{\sqrt{4\pi^2+\delta^2}}\approx\frac{\delta}{2\pi} \tag{12-4}$$

其中：Δt——i 个整周期相应的时间间隔；

A_1——第 1 个周期的振幅；

A_i——第 i 个周期的振幅；

T_d——振动周期。

根据系统的对数减幅系数和衰减振动频率，可计算出衰减系数 n

$$n = \delta f_d \tag{12-5}$$

12.4 实验步骤

(1) 记录试样的几何尺寸及材料的弹性模量；

(2) 将梁上粘贴的应变计按要求接入接线盒，然后将接线盒接入动态电阻应变仪的输入端，再将动态电阻应变仪的输出端接入计算机数据采集系统的输入端；

(3) 按照动态电阻应变仪的操作规程，设置好各项参数；

(4) 按照计算机数据采集系统的操作规程，设置好各项参数；

(5) 用橡皮锤轻敲试验梁上的一点，用单通道示波器与记录软件采样信号，把采集到的当前数据保存到硬盘上，并设置好文件名、实验名、测点号和保存路径；

(6) 用软件的分析功能分析系统衰减振动的波形，移动光标读取波峰值和相邻的波峰值与时间，并记录；

(7) 重复上述步骤，记录不同位置的波峰值和相邻的波谷值；

(8) 实验结束后，将实验仪器复位，关闭所有仪器电源，整理实验现场，并按要求整理实验报告。

12.5 实验报告要求

自行设计并完成实验报告，实验报告的主要内容应包括：

(1) 实验名称；

(2) 实验目的；

(3) 仪器名称、规格；

(4) 实验方案概述；

(5) 绘制实验装置草图；

(6) 原始数据记录；

(7) 原始数据分析与计算过程；

(8) 实验结论。

实验报告中的数据可用图形或者表格的形式表达。

实验 13 工程结构电测应力分析实验

13.1 实验目的

(1) 掌握对工程结构进行理论分析的基本方法。

(2) 掌握制定实验方案的方法。

(3) 通过实验数据与理论计算数据的对比,学会分析两者偏差的原因,提高实验的分析能力。

13.2 实验设备

动态应变仪、计算机数据采集系统、各类工程结构模型。

13.3 实验要求

工程结构模型为连续梁结构模型(见图 13-1)或自行车模型(见图 13-2),同学们组成实验小组后,可选择其中一种模型自行确定实验方案。通过理论分析和实际测试,找出所选择模型的最危险截面。

对于连续梁结构模型,可让小车停放在梁上不同位置,测试危险截面处的应力或者挠度,也可以测试危险截面的内力,亦可测试车辆在连续梁上移动时,连续梁结构中的动态应力响应。

对于自行车模型,可以测试自行车大梁在不同骑行条件下(路面分别设计为平坦路面、过障碍物、跳车)的危险截面处的危险点应变时程曲线。

13.4 实验示例

(1) 了解工程结构的构成和工作状况,如梁的跨度、截面尺寸、荷载大小等。

(2) 对工程结构进行简化,建立力学模型,作初步理论计算。

(3) 根据理论计算的结果自行设计测试方案。

(4) 按照测试方案选择的截面选择测试点并接线。

（5）按照测试方案选择工况进行测试，记录原始测试数据。

（6）对测试数据与理论计算数据进行全面分析，若两者偏差过大，应找出原因。如果是测试方案存在问题，则修正测试方案，重新测试；如果是理论计算存在问题，则修改理论计算，重新与测试数据进行对比，直到两者的偏差满足工程设计的要求。

（7）撰写测试分析报告。

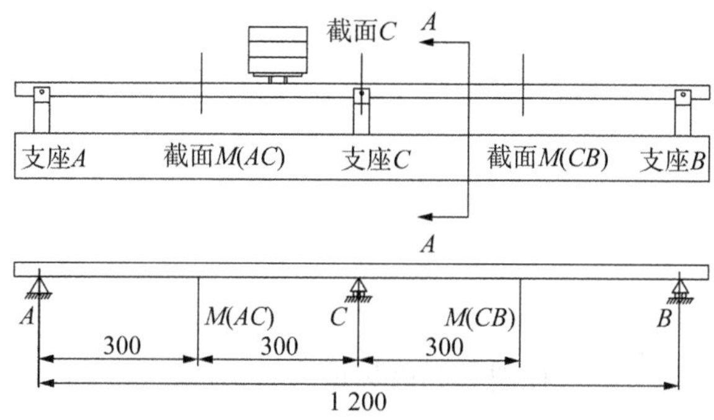

图 13-1　连续梁结构模型

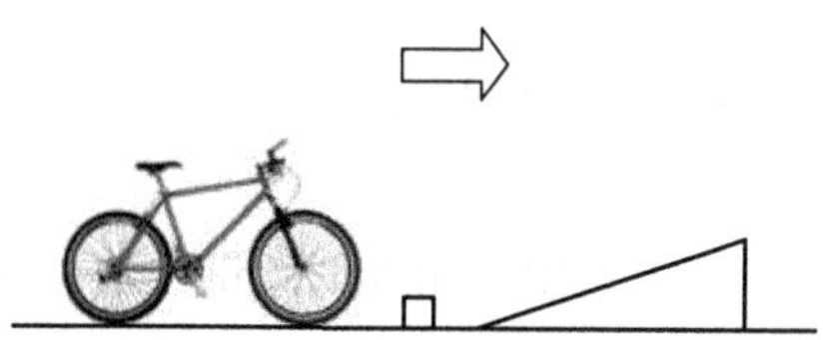
图 13-2　自行车动应变实验示意图

13.5　思考题

（1）为何在对工程结构测试前要进行理论计算分析？

（2）如何设计工程结构模型中的各贴片位置？

（3）在多点应变测试过程中应注意哪些问题？

（4）如果实测数据与理论计算数据有较大误差，应如何处理？

（5）在测试过程中，最令你苦恼的问题是什么？

（6）除了连续梁结构模型或自行车模型，你是否还能提出其他工程模型进行测试？

实验 14 金属材料压缩、剪切破坏实验

14.1 实验目的

(1) 观察并比较低碳钢及铸铁试样压缩时的各种现象和破坏或失效情况。

(2) 比较低碳钢和铸铁的压缩力学性能。

(3) 观察低碳钢剪切破坏的情况。

14.2 实验设备

万能材料试验机、游标卡尺、剪切器。

14.3 金属材料压缩实验

在工程中常用的金属材料中,某些塑性较好的材料在受压与受拉时表现出的强度、刚度和塑性等力学性能是大致相同的;某些脆性材料的抗压强度很高,抗拉强度却很低。为便于合理选用工程材料,以及满足金属成型工艺的需要,测定材料受压时的力学性能是十分重要的。因此,压缩实验与拉伸实验一样,也是测定材料在常温、静载、单向受力下力学性能的最常用、最基本的实验之一。

14.3.1 试样形状与尺寸

金属材料的压缩试样一般制成圆柱形,见图 14-1。目前常用的压缩实验方法是两端平压法。对于这种压缩实验方法,当试样承受压缩时,上下两端面与试验机承台之间产生很大的摩擦力。这些摩擦力阻碍试样上下部的横向变形,导致测得的抗压强度较实际偏高。当试样的长度相对增加时,摩擦力对试样中部的影响就变得小了,因此实验测得的抗压强度与试样的长度和直径的比值 L/d 有关。为了减少摩擦力的影响,在相同的实验条件下,对不同材料的压缩性能进行比较,金属材料压缩试样的 L/d 值是有规定的。

按照国标 GB/T 7314—2017《金属材料　室温压缩试验方法》规定,试样原始直径 $d=(10\sim20)\pm0.05$ mm,试样长度 $L=(2.5\sim3.5)d$ 或 $(5\sim8)d$ 或 $(1\sim2)d$。为了尽量使试样受轴向压力,加工试样时,必须有合理的加工工艺,以保证两端面平行,并与轴线

垂直。

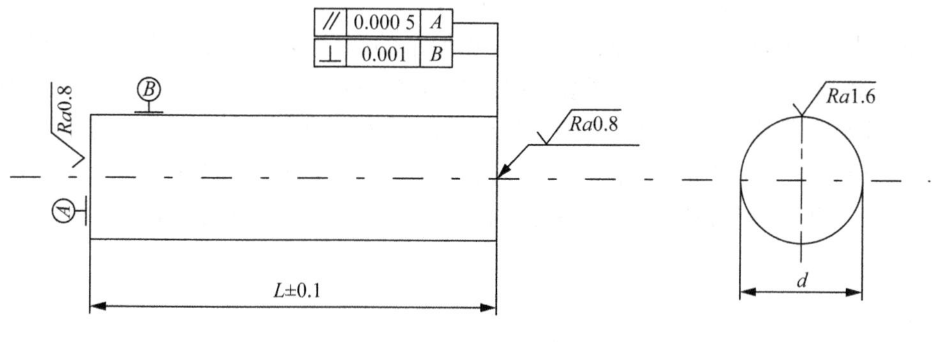

图 14-1　圆柱体压缩试样

14.3.2　压缩力学性能的定义和符号

国标 GB/T 7314—2017《金属材料　室温压缩试验方法》规定了压缩力学性能的符号、单位及其说明，见表 14-1。

表 14-1　压缩力学性能的符号、单位和说明

符号	单位	说明
F_0	N	试样上端所受的力
F	N	实际压缩力；无侧向约束的试验，$F=F_0$
F_f	N	摩擦力，试样上下两端面与试验机压板之间产生的摩擦力
F_{pc}	N	规定塑性压缩变形的实际压缩力
F_{eHc}	N	屈服时的实际上屈服压缩力
F_{eLc}	N	屈服时的实际下屈服压缩力
F_{mc}	N	对于脆性材料，试样压至破坏过程中的最大实际压缩力；或对于塑性材料，指规定应变条件下的压缩力
R_{pc}	N/mm^2	规定塑性压缩强度，试样标距的塑性压缩变形达到规定的原始标距百分比时的压缩应力。表示此压缩强度的符号应以下脚标说明，例如 $R_{pc0.01}$、$R_{pc0.2}$ 分别表示规定塑性压缩应变为 0.01%、0.2%时的压缩应力
R_{tc}	N/mm^2	规定总压缩强度
R_{eHc}	N/mm^2	上压缩屈服强度
R_{eLc}	N/mm^2	下压缩屈服强度
R_{mc}	N/mm^2	脆性材料的抗压强度；或者塑性材料的规定应变条件下的压缩应力
E_c	N/mm^2	压缩弹性模量

14.3.3　金属材料的压缩曲线

实验证明：低碳钢在压缩弹性阶段和屈服阶段，与低碳钢在拉伸相应阶段的曲线基本重合。所以低碳钢压缩时的上压缩屈服强度、下压缩屈服强度、规定塑性压缩强度和压缩弹性模量与拉伸时的力学性能可认为是相同的。

低碳钢压缩经过屈服之后，低碳钢试样由原来的圆柱形逐渐被压成鼓形。继续不断加压，试样将愈压愈扁，但不发生断裂，这是塑性好的材料在压缩时的特点，因而采用规定应变条件下的压缩应力作为低碳钢的抗压强度。低碳钢的压缩曲线也可证实这一点，见图 14-2。以低碳钢为代表的塑性材料，轴向压缩时会产生很大的横向变形，但由于试样两端面与试验机支承垫板间存在摩擦力，约束了这种横向变形，故试样中间部分出现显著的鼓胀，见图 14-3。

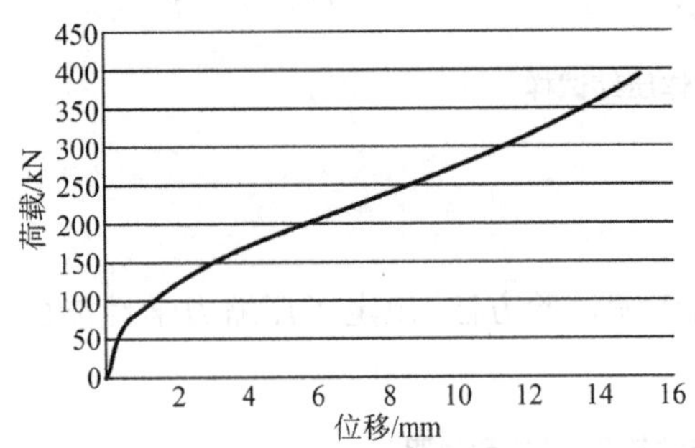

图 14-2　低碳钢压缩曲线

图 14-3　低碳钢压缩时的鼓胀效应

铸铁试样压缩曲线图见图 14-4。荷载达最大值 F_{mc} 后稍有下降，然后试样破裂，发出沉闷的破裂声。灰铸铁在拉伸时是属于塑性很差的一种脆性材料，但在受压时，试件在达到最大荷载 F_{mc} 前将会产生一定的塑性变形，最后被压断裂。灰铸铁试样的断裂有以下两特点：

一是断口为斜断口，见图 14-5；

二是按 F_{mc}/S_0 求得的 R_{mc} 远比拉伸时高，大致是拉伸时的 3～4 倍。

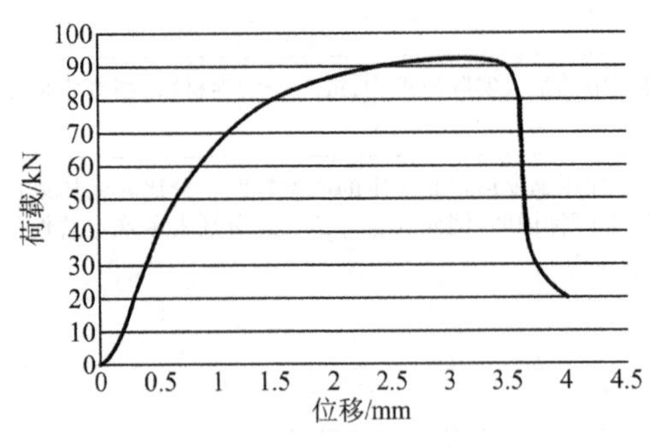

图 14-4　铸铁压缩曲线

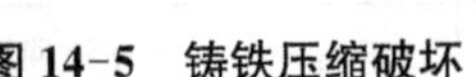

图 14-5　铸铁压缩破坏

为什么灰铸铁这类脆性材料的抗拉和抗压能力相差这么大呢？这主要与材料本身的特性（内因）和受力状态（外因）有关。铸铁压缩时沿斜截面断裂，主要是由剪应力引起的。如果测量铸铁受压试样的斜断口倾角 α，会发现它略大于 45°，不是最大剪应力所在截面。这是因为试样两端存在摩擦力。

14.3.4　压缩力学性能的测定

(1) 上压缩屈服强度和下压缩屈服强度的测定

根据国标 GB/T 7314—2017 规定，对于呈现明显屈服(不连续屈服)现象的金属材料，在实验时自动绘制的力-变形曲线上，应判读首次下降前的最高压缩力 F_{eHc} 和不计初始瞬时效应时屈服阶段中最低压缩力或者屈服平台的压缩力 F_{eLc}。上、下压缩屈服强度的判定基本原则与金属材料拉伸的原则相同，可参考实验 1 中相关内容。

根据力-变形曲线判读的上屈服压缩力，按下式计算上压缩屈服强度：

$$R_{eHc}=\frac{F_{eHc}}{S_0} \tag{14-1}$$

根据力-变形曲线判读的下屈服压缩力，按下式计算下压缩屈服强度：

$$R_{eLc}=\frac{F_{eLc}}{S_0} \tag{14-2}$$

(2) 抗压强度的测定

对于在压缩时以断裂方式失效的脆性材料，抗压强度是断裂时或断裂前的最大压缩应力。实验时，对试样连续加载直到试样破坏。从力-变形曲线上判读最大压缩力 F_{mc}，按以下公式计算抗压强度：

$$R_{mc}=\frac{F_{mc}}{S_0} \tag{14-3}$$

对于塑性材料，可根据力-变形曲线在规定应变条件下，测定其抗压强度，所规定的应变应在报告中注明。

14.3.5　压缩的实验过程

低碳钢和铸铁压缩实验的步骤基本相同。不同的是，铸铁试样不测屈服荷载，铸铁试样周围要加防护罩，以免在实验过程中试样碎片飞出伤人。

(1) 在试样中间截面两个相互垂直的方向上测量直径 d，取其算术平均值计算原始截面积，并测量试样长度 L。

(2) 根据低碳钢屈服强度和铸铁抗压强度的估计值，选择试验机的量程，并对荷载进行调零。

(3) 设置好试验机软件的参数。

(4) 准确地将试样置于试验机活动平台的支承垫板中心处。

(5) 检查及预加载，预加载时先提升实验活动平台，使试样随之上升。当上承垫板接近试样时，应减慢上升的速度。注意：必须避免急剧加载。待试样与上承垫板接触受力后，用慢速预先加少量荷载，然后卸载至接近零点，检查试样对中和试验机工作是否正常。

(6) 调整试验机夹头间距，当试样接近上承垫板时，开始缓慢、均匀加载。

(7) 对于低碳钢试样，将试样压成鼓形即可停止实验；对于铸铁试样，加载到试样破坏时立即停止实验。

(8) 实验完毕,整理工具,并关闭电源。

14.4 金属材料剪切实验

14.4.1 剪切实验原理

对于以剪断为主要破坏形式的零件,进行强度计算时,假设试样剪切面上的剪应力是均匀分布的,并且不考虑其他变形形式的影响,这显然不符合实际情况。为了尽量降低此种理论与实际不符的影响,作了如下规定:这类零件材料的抗剪强度,必须在与零件受力条件相同的情况下进行测定。此种实验,叫做直接剪切实验。

实验所用设备,主要是万能试验机和剪切器(见图 14-6)。

图 14-6 剪切器

将低碳钢试样放入剪切器中,用万能试验机对剪切器施加荷载。随着荷载的增加,剪切面处的材料依次经过弹性、屈服等阶段,最后沿剪切面发生剪断裂。剪切曲线见图 14-7。

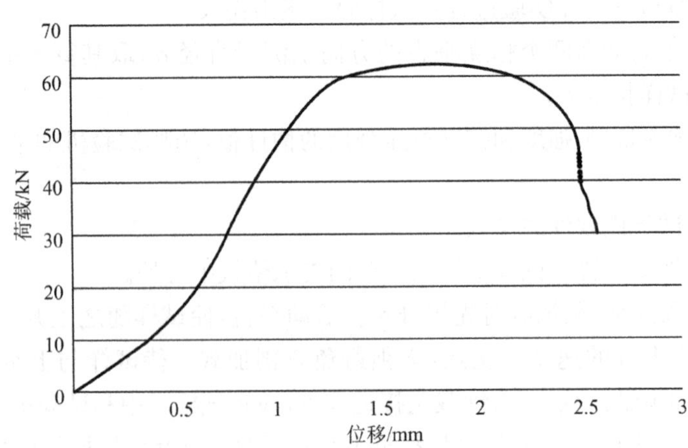

图 14-7 低碳钢剪切曲线

试样剪切破坏后，形成了三段，见图 14-8。观察断口截面，可以看到两种现象。一种现象是在断口附近的外周表面，可以见到明显的挤压痕迹，受挤压的区域为圆柱抛物面状。越接近断口，挤压应力越大，受挤压的痕迹越明显。在断口的截面上，由于挤压作用，圆形变成椭圆形，见图 14-9。另一种现象是断口明显区分为两部分：平滑光亮部分与纤维状部分。断口的边缘是剪切刀刃与试样直接接触造成的光滑白亮的边条，称为剪切缘；往里就是灰暗色的塑性变形区，呈纤维状。在中心附近可见形状如两片嫩叶的断裂区，见图 14-9。断口的平滑光亮部分，是在屈服过程中形成的。在这个过程中，剪切面两侧的材料有较大的相对滑移却没有分离，滑移出来的部分与剪切器是紧密接触的，因而磨成了光亮面。断口的纤维部分，是在剪切断裂发生的瞬间形成的。在此瞬间，由于剪切面两侧材料又有较大的相对滑移，未分离的截面面积已缩减到不能再继续承担外力，于是产生了突然性的剪断裂。剪断裂是滑移型断裂，纤维状断口正是这种断裂的特征。

图 14-8 低碳钢试样剪切断裂形状

图 14-9 剪切断口形貌

14.4.2 剪切实验步骤

(1) 测量试样截面尺寸。测量部位应在剪切面附近，测量误差应小于 1%。

(2) 选择试验机及所用量程。根据试样横截面面积 S_0 和估计的剪切强度极限 τ_b，由 $F_m=\tau_b S_0$ 估计所需最大荷载，并据此选择试验机及所用量程。

(3) 安装剪切器及试样，测读破坏荷载。按常规调整好试验机之后，将试样装入剪切器，并将剪切器置于试验机活动平台的球面垫上(注意对中要正确)。启动机器，缓慢、均匀加载，直到试样剪断，读取破坏荷载。取出试样，观察破坏情况及断面形态，并做好记录。

(4) 实验完毕，做好常规的清理工作，并填写实验报告。

14.5 扩展阅读材料

[1] 李子良. 普通低碳钢剪切试验[J]. 冶金分析与测试(冶金物理测试分册)，1985，1:28-29.

[2] 刘培锷，张世杰. 金属剪切过程力学研究进展[J]. 力学进展，1987，17(1):39-45.

[3] Bhaduri A. Mechanical properties and working of metals and alloys[M]. Boston, US: Springer, 2018:95-117.

14.6 思考题

(1) 铸铁的压缩破坏形式说明了什么?

(2) 低碳钢和铸铁在拉伸及压缩时机械性质有何差异?

(3) 低碳钢与铸铁压缩试样破坏情况有何不同? 为什么?

(4) 根据拉伸、压缩和扭转三种实验结果,综合分析低碳钢与铸铁的机械性质。

(5) 铸铁试样压缩,在最大荷载时未破裂,荷载稍减小后却破裂。为什么?

(6) 铸铁试样破裂后呈鼓形,说明有塑性变形,可是它是脆性材料,为何有塑性变形呢?

实验 15 金属材料疲劳演示实验

15.1 实验目的

（1）了解金属材料的疲劳性质，测定某个应力等级下的疲劳寿命。

（2）了解常用疲劳试验机的工作原理和操作方法。

15.2 实验设备

高频疲劳试验机、INSTRON8802 疲劳试验机。

15.3 实验概述

在不同的应力水平下，材料具有不同的疲劳寿命。金属材料的疲劳破坏是一种潜在的失效方式，不会产生明显的塑性变形，而是突发地、没有预兆地断裂。如果构件表面存在缺陷（缺口、沟槽），即使在名义应力不高的情况下，也会由于局部的应力集中而形成裂纹。随着加载循环的增加，裂纹不断扩展，直至最终断裂。

在交变应力的应力循环中，最小应力和最大应力的比值 r 称为循环特征或应力比。在 r 一定的情况下，如试样的最大应力为某一值时，经过 N 次循环后，发生疲劳失效，则称 N 为此应力下的疲劳寿命。在同一循环特征下，最大应力越大，则疲劳寿命越短。测定了各级应力水平的疲劳寿命，就可以确定金属材料的疲劳寿命曲线，即 $S-N$ 曲线（应力-寿命曲线），见图 15-1。

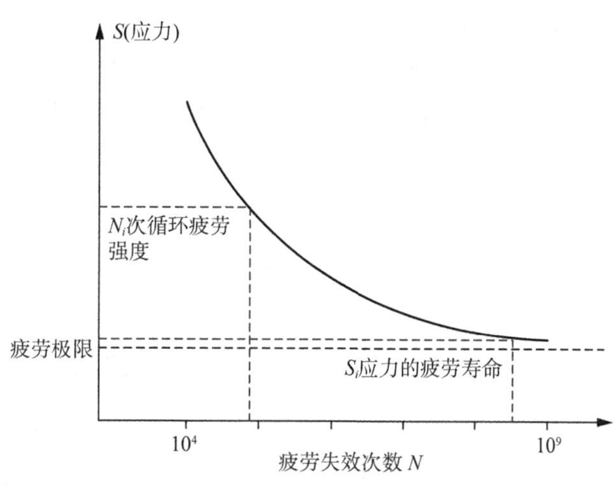

图 15-1 应力-寿命曲线

15.4 实验步骤

在每个应力水平下测定应力-寿命曲线时，一般至少需要 10 个试样。其中，1 个试样做静力实验，1～2 个试样备用，其余 7～8 个试样做疲劳实验。

(1) 静力实验

取一个试样测定材料的抗拉强度 R_m，一方面检验材料是否符合要求，另一方面根据实测的抗拉强度 R_m 确定各级疲劳应力水平。

(2) 确定应力比

如果实验的目的是了解材料抗拉的疲劳性能，应力比一般取 $r=0.1$；如果实验的目的是了解旋转构件材料的疲劳性能，应力比常取 $r=-1$。

(3) 确定应力水平

应力水平至少分为 7 级。高应力水平间隔可适当增大，而随着应力水平的降低，间隔越来越小。最高应力水平可通过预试确定。

(4) 确定加载频率

一般根据试验机的可调频率范围来选择。在高应力水平下，最好使用较低的频率，以免在调试过程中试样发生破坏。

(5) 安装试样

将试样安装到疲劳试验机上，注意试样要对中且安装牢固。

(6) 观测记录

启动疲劳试验机，由高应力到低应力逐级进行实验。列表记录实样的破坏循环次数，并记录实验前后的各种异常现象以及断口部位等。

(7) 测定条件疲劳极限

一般以破坏循环次数为 10^7 所对应的最大应力 S_{max} 作为条件疲劳极限。条件疲劳极限以符号 S_r 表示，S_r 下标字母 r 表示应力比。

(8) 绘制 $S-N$ 曲线

根据各应力水平测得的疲劳寿命 N，以应力 S 为纵坐标，lg$N$ 为横坐标，将数据点绘制在坐标系中，用曲线连接各点，即得到 $S-N$ 曲线，见图 15-2。

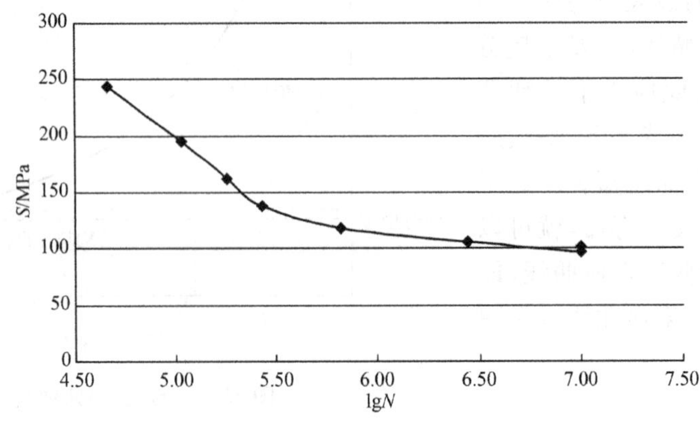

图 15-2 实测 $S-N$ 曲线

15.5　扩展阅读材料

[1] Bhaduri A. Mechanical properties and working of metals and alloys[M]. Boston，US：Springer，2018：317-371.

实验 16 光弹实验

16.1 实验目的

(1) 了解光弹性实验的基本原理和方法,认识偏光弹性仪和光学元件,学习光弹性实验的一般方法。

(2) 观察模型受力时的条纹图案,识别等差线和等倾线,了解主应力差和条纹值的测量。

16.2 实验设备

由环氧树脂或聚碳酸酯制作的试件模型、数码光弹性仪,见图 16-1。

图 16-1 数码光弹性仪

16.3 实验原理及装置

光弹性测试方法是光学与力学紧密结合的一种测试技术。它采用具有暂时性双折射性能的透明材料,制成与构件形状几何相似的模型,并使其承受与原构件相似的荷载。将此模型置于偏振光场中,模型上会显现出与应力有关的干涉条纹图。通过分析计算即可得知模型内部及表面各点的应力大小和方向。再依照模型相似原理,就可以换算成真实构件上的应力。因为光弹性测试是全域性的，所以直观性强，可靠性高，能直接观察到构件的全场应力分布情况。特别是对于解决复杂构件、复杂荷载下的应力测量问题，以及确定构件的应力集中部位、测量应力集中系数等问题，光弹性测试方法更为有效。

16.3.1　亮场和暗场

由光源 S、起偏镜 P 和检偏镜 A 就可组成一个简单的平面偏振光场。起偏镜 P 和检偏镜 A 均为偏振片，各有一个偏振轴(简称为 P 轴和 A 轴)。如果 P 轴与 A 轴平行，由起偏镜 P 产生的偏振光可以全部通过检偏镜 A，将形成一个全亮的光场，简称为亮场。如果 P 轴与 A 轴垂直，由起偏镜 P 产生的偏振光全部不能通过检偏镜 A，将形成一个全暗的光场，简称为暗场。亮场和暗场是光弹性测试中的基本光场。实验装置示意图见图 16-2。

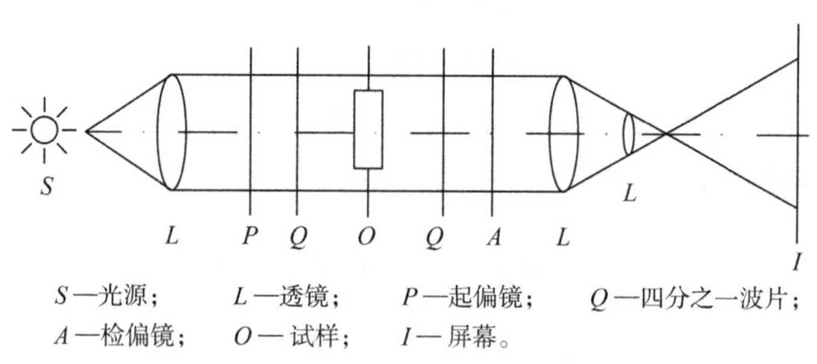

S—光源；　L—透镜；　P—起偏镜；　Q—四分之一波片；
A—检偏镜；　O—试样；　I—屏幕。

图 16-2　光弹性测试实验装置

16.3.2　应力-光学定律

当由光弹性材料制成的模型放在偏振光场中时，如模型不受力，光线通过模型后将不发生改变；如模型受力，将产生暂时双折射现象，即入射光线通过模型后，将沿两个主应力方向分解为两束相互垂直的偏振光。这两束光射出模型后将产生一个光程差 δ。实验证明，光程差 δ 与主应力差值($\sigma_1-\sigma_2$)和模型厚度 t 成正比，这一关系称为应力-光学定律：$\delta=Ct(\sigma_1-\sigma_2)$，式中的 C 为模型材料的光学常数，与材料和光波波长有关。光程差示意图见图 16-3。

两束偏振光通过检偏镜后将合成在一个平面内振动，形成干涉条纹。如果光源用白色光，看到的是彩色干涉条纹；如果光源用单色光，看到的是明暗相间的干涉条纹。

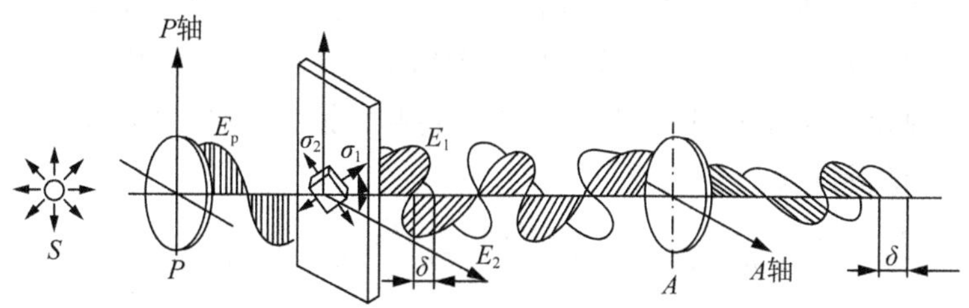

图 16-3　光程差示意图

16.3.3 等倾线和等差线

从光源发出的单色光经起偏镜 P 后成为平面偏振光，其波动方程为

$$E_{\mathrm{p}} = a\sin\omega t \tag{16-1}$$

式中，$\boldsymbol{E}_p$ 为光矢量；a 为振幅；t 为时间；ω 为光波角速度。

$\boldsymbol{E}_p$ 传播到受力模型上后被分解为沿两个主应力方向振动的两束平面偏振光 E_1 和 E_2。设 θ 为主应力 σ_1 与 A 轴的夹角，这两束平面偏振光的振幅分别为 $a_1 = a\sin\theta$，$a_2 = a\cos\theta$。一般情况下，主应力 $\sigma_1 \neq \sigma_2$，故 E_1 和 E_2 会有一个角程差 $\varphi = \frac{2\pi}{\lambda}\delta$。假如沿 σ_2 的偏振光比沿 σ_1 的慢，则两束偏振光的振动方程是：

$$\begin{aligned} E_1 &= a\sin\theta\sin\omega t \\ E_2 &= a\cos\theta\sin(\omega t - \varphi) \end{aligned} \tag{16-2}$$

当上述两束偏振光再经过检偏镜 A 时，都只有平行于 A 轴的分量才可以通过，这两个分量在同一平面内，合成后的振动方程是

$$E = a\sin\theta\sin\frac{\varphi}{2}\cos\left(\omega t - \frac{\varphi}{2}\right) \tag{16-3}$$

式中，E 仍为一个平面偏振光，其振幅 $A_0 = a\sin 2\theta\sin\frac{\varphi}{2}$。

根据光学原理，偏振光的强度 I 与振幅 A_0 的平方成正比，即

$$I = KA_0^2 = Ka^2\sin^2 2\theta\sin^2\frac{\varphi}{2} \tag{16-4}$$

式中的 K 是光学常数。把 $\delta = Ct(\sigma_1 - \sigma_2)$ 和 $\varphi = \frac{2\pi}{\lambda}\delta$ 代入公式(16-4)可得：

$$I = Ka^2\sin^2 2\theta\sin^2\frac{\pi Ct(\sigma_1 - \sigma_2)}{\lambda} \tag{16-5}$$

由公式(16-5)可以看出，光强 I 与主应力的方向和主应力差有关。为使两束光波发生干涉，相互抵消，必须使 $I=0$。所以：

(1) 当 $a=0$，即没有光源，不符合实际。

(2) 当 $\sin 2\theta = 0$，则 $\theta = 0°$ 或 $90°$，即模型中某一点的主应力 σ_1 向与 A 轴平行(或垂直)时，在屏幕上形成暗点。众多这样的点将形成暗条纹，这样的条纹称为等倾线。

在保持 P 轴和 A 轴垂直的情况下，同步旋转起偏镜 P 与检偏镜 A 任一个角度 α，就可得到 α 角度下的等倾线。

(3) 当 $\frac{\pi Ct(\sigma_1 - \sigma_2)}{\lambda} = n\pi$，即：$\sigma_1 - \sigma_2 = \frac{n\lambda}{Ct} = n\frac{f_\sigma}{t}\ (n = 0, 1, 2, \cdots)$

式中的 f_σ 称为模型材料的条纹值。满足上式的众多点也将形成暗条纹，该条纹上的各点的主应力之差相同，故称这样的暗条纹为等差线。随着 n 的取值不同，可以分为 0 级等差

线、1 级等差线、2 级等差线。

综上所述，等倾线给出模型上各点主应力的方向，而等差线可以确定模型上各点主应力的差 $(\sigma_1-\sigma_2)$。但对于单色光源而言，等倾线和等差线均为暗条纹，难免相互混淆。为此，在起偏镜后面和检偏镜前面分别加入 1/4 波片 $Q1$ 和 $Q2$，得到一个圆偏振光场，最后在屏幕上便只出现等差线而无等倾线。有关圆偏振光场，这里不作详述，读者可参阅有关专著。

16.4　演示内容

16.4.1　对径受压圆盘

对于对径受压圆盘(见图 16-4)，由弹性力学可知，圆心处的主应力为

$$\sigma_1=\frac{2F}{\pi Dt}\qquad \sigma_2=-\frac{6F}{\pi Dt}\tag{16-6}$$

代入光弹性基本方程可得 $f_\sigma=\frac{t(\sigma_1-\sigma_2)}{n}=\frac{8F}{\pi Dn}$。对应于一定的外荷载 F，只要测出圆心处的等差线条纹级数 n，即可求出模型材料的条纹值 f_σ。实验时，为了较准确地测出条纹值，可适当调整荷载大小，使圆心处的条纹正好是整数级。对径受压圆盘的光弹干涉条纹见图 16-5。

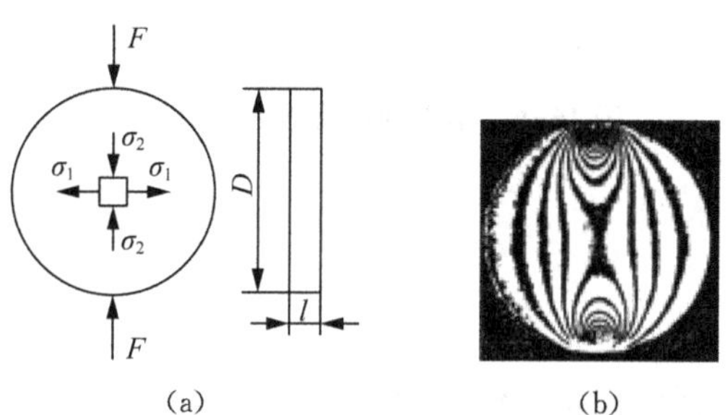

图 16-4　对径受压圆盘

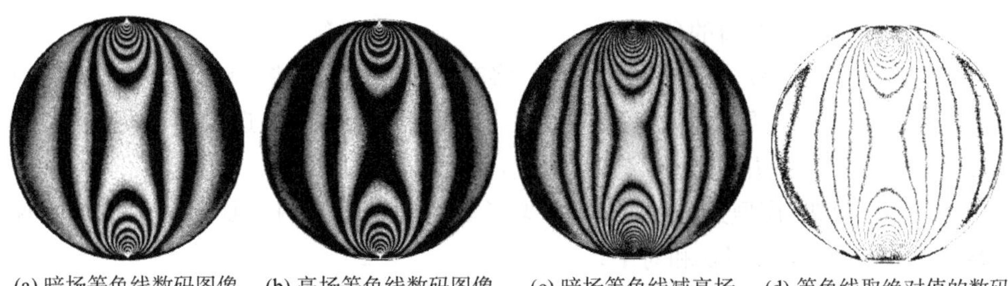

(a) 暗场等色线数码图像
(b) 亮场等色线数码图像
(c) 暗场等色线减亮场
(d) 等色线取绝对值的数码图像与灰度

图 16-5　对径受压圆盘的光弹干涉条纹

16.4.2 含有中心圆孔薄板的应力集中观察

薄板受拉时，中心圆孔的存在，使得孔边产生应力集中。孔边 A 点的理论应力集中因数为 $K_t=\frac{\sigma_{max}}{\sigma_m}$，式中的 σ_m 为 A 点所在横截面的平均应力，即 $\sigma_m=\frac{F}{at}$；σ_{max} 为 A 点的最大应力。因为 A 点为单向应力状态，$\sigma_1=\sigma_{max}$，$\sigma_2=0$，可得 $\sigma_{max}=\frac{nf_\sigma}{t}$，因此 $K_t=\frac{nf_\sigma a}{F}$。具体示意图见图 16-6。

实验时，调整荷载大小 F，使得通过 A 点的等差线恰好为整数级 n，再将预先测好的材料条纹值 f_σ 代入上式，即可获得理论应力集中因数 K_t。

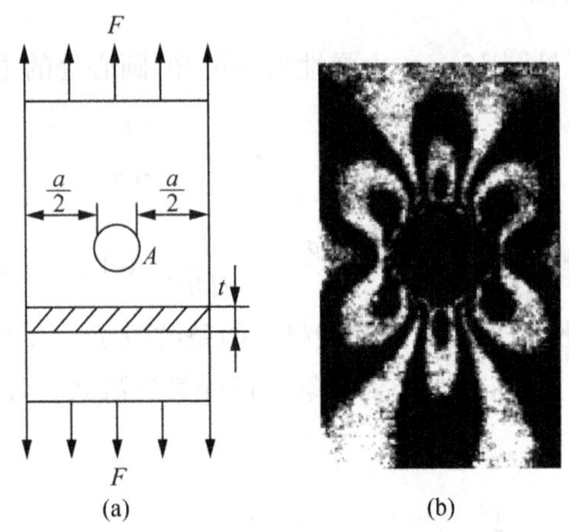

图 16-6 中心圆孔薄板的应力集中

16.5 实验步骤

(1) 仪器准备：首先保证设备工作台的各部件完整、牢靠，稳定开启光源箱的点光束，保证光源、偏振片、1/4 波片和场镜的成像中心在一条轴线上。

(2) 调整起偏镜和检偏镜。

(3) 同步调整两偏振器的角度。

(4) 调整数字式荷载显示仪：接通电源，将其置于“测力”位置；转动“预调”旋钮，置荷载初读数为 0；再将开关置于“标定”位置，用小改锥调节，使读数选定在规定的标定值即可。重复 2～3 遍后，把开关置于“测力”位置，就可以进行加载。

(5) 调整加力架：模型选定好后，调整架子的空间位置。由于加力架为机械传递，配合误差较大，因此需注意调整和对中。

(6) 相机的准备：调整数码相机位置及最佳摄影效果。

(7) 完成拍摄过程：在选定曝光时间后，依次开启“开”“闭”“定时”等功能，并关闭闪光灯。选择微距拍摄，对准好拍摄的干涉图像，调整好焦距和光圈后，先半按快门，再按下快门拍摄。

(8) 保存拍摄图片:完成拍摄后,用数码相机专用数据线连接到计算机,把拍摄好的图片保存到计算机中,可根据自己的学号建立目录进行存储,以便指导教师检查。

(9) 在计算机的显示器上观察拍摄好的图片,检查图像是否清晰。如果不清晰,应找出原因重新拍摄,直到图像清晰为止。

(10) 收拾工具,将试样放回原处。

16.6 注意事项

(1) 严格避免用手触摸仪器的各光学镜面;

(2) 光学镜面上的灰尘和污渍要用专用工具清除;

(3) 给试样加载时要缓慢,并注意不要过载。

16.7 扩展阅读材料

[1] Sharpe W N. Handbook of experimental solid mechanics[M]. New York, US: Springer, 2008.

[2] Gdoutos E E. Experimental mechanics an introduction[M]. Cham, Switzerland: Springer, 2022.

16.8 思考题

(1) 如何在光弹性仪上布置正交平面偏振光场和正交圆偏振光场?

(2) 为何要准确地测定光弹性材料的条纹值?

(3) 如何区分等差线和等倾线?

实验 17 数字图像相关实验(DIC 实验)

17.1 实验目的

(1) 了解数字图像相关(DIC)的基本原理。
(2) 掌握数字图像相关设备的基本操作方法。

17.2 实验设备

(1) 散斑制作工具;
(2) DIC 软件相机系统(包含照明设备),见图 17-1。

图 17-1 DIC 软件相机系统

17.3 实验原理

数字图像相关(DIC)是一种非接触式光学测量技术,可用于确定被测物体的形状、表面位移和应变。DIC 的工作原理是采用图像相关计算原理,即在整个测试过程中,连续拍摄物体变形前后一系列的数字图像,以记录变形物体表面的散斑信息,见图 17-2(a)。物体变形前被记录的图像常称为参考图像,物体变形后被记录的图像常称为变形图像;通过计算变形图像子区相对于参考图像子区之间的图像相关函数,来确定物体表面各点的位移,从而获取被测物体表面的全场位移,见图 17-2(b)。由于将相关函数用于数字图像的匹配过程,因此该方法被称为数字图像相关(DIC)。

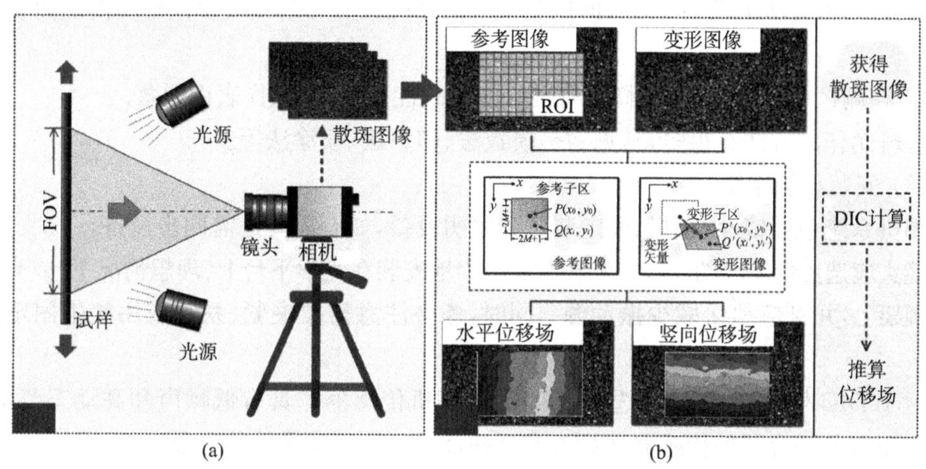

图 17-2　DIC 实验原理示意图

数字图像相关在参考图像中为每一个计算点创建了一个小矩形区域,称为“子区”。然后,获取了“子区”散斑图案中每个像素的灰度信息,并按照时间顺序对灰度分布的转换过程进行相关匹配运算。通过在整个图像中跟踪“子区”的位置,根据相关计算的结果识别计算点的位移,见图 17-3。并基于在整个计算区域中重复此过程,获取整个区域的位移场,并基于位移场计算出应变场。为了获得较高精度的位移结果,研究人员开发了基于“反向高斯-牛顿算法”“傅里叶变换分析”“遗传算法”“神经网络”等多种方法的相关算法,这些算法已在 DIC 软件中得以应用。

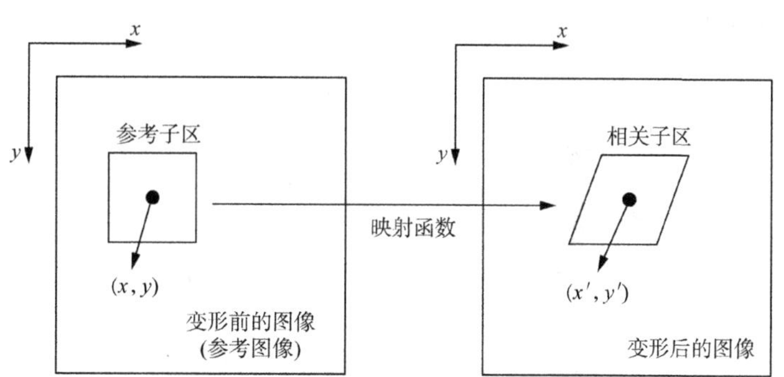

图 17-3　DIC 相关计算示意图

17.4　实验步骤

(1) 制作散斑图案

DIC 实验结果的质量取决于散斑图案的质量,质量良好散斑图案的标准是:

① 散斑的位置是随机的，但大小是均匀的。

② 散斑厚度应均匀，散斑的大小最好为 3～5 个像素。

③ 散斑应为漫反射表面，避免炫光或镜面反射。

④ 散斑密度应大致为 50%，即任意子区内亮(白色)和暗(黑色)像素所占的面积大致相同。

⑤ 在测试中，散斑应和试样具有良好的黏附性，不能从试样表面脱落。

散斑制作的方法有很多，常见的是模板法、印章法、喷涂法等。

(2) 安装相机系统

相机系统包括镜头、相机、固定装置和照明设备，如有需要还需同步设备。

镜头应选用低畸变的。镜头和相机应牢固地安装在光学平台上(理想情况下)或高质量的三脚架上，并且应尽量减少振动源。同时，务必注意需要夹紧、系扎或用胶带固定相机电缆。

对于 DIC 相机系统，最好选择黑白相机，相机传感器应具有低噪声和高动态范围，一般可选用电荷耦合器件传感器(CCD)或互补金属氧化物半导体传感器(CMOS)。

镜头和相机需要根据视场(FOV)、景深(DOF)和物距(SOD)综合考虑，三者是互相耦合的，必须同时选定，才能使镜头和相机匹配。

照明设备应具有足够的光照强度，光强在测试物体的感兴趣区域应是均匀分布的，以便为图像获得足够的曝光，但不能太强而引入饱和像素。

(3) 校准相机系统

对于二维 DIC，校准是从 DIC 的像素空间到图像放大倍率对应的长度尺度转换，因此校准需要一条已知长度的线[例如水平场宽(HFW)]。对于三维 DIC，相机系统必须在空间中相对于彼此进行校准，常见的校准程序涉及使用校准网格或已知尺寸的平面，通常采用棋盘格标定板或规则排列的圆点，见图 17-4。在相机系统校准后，机身和相机在后面实验过程中须保持稳定。

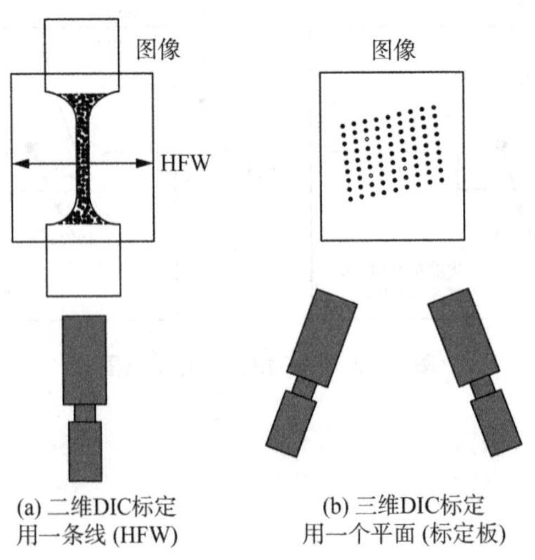

(a) 二维DIC标定
用一条线 (HFW)

(b) 三维DIC标定
用一个平面 (标定板)

图 17-4　相机系统校准

(4) 安装试样并加载

试样的安装与加载根据具体的实验设备使用说明的要求进行。

(5) 采集图像

DIC 实验的图像采集应根据图像的大小、实验加载的速度和存储空间的大小进行设置。

(6) 分析处理图像计算各点位移

图像计算处理,应根据具体使用的 DIC 软件的说明书进行操作。

17.5 扩展阅读材料

[1] International Digital Image Correlation Society, Jones E M C, Iadicola M A. A good practices guide for digital image correlation[R]. 2018.

[2]Sutton M A, Orteu J, Schreier H W. Image correlation for shape, motion and deformation measurements[M]. Berlin: Springer, 2009.

[3]Pan B. Digital image correlation for surface deformation measurement: historical developments, recent advances and future goals[J]. Measure Science and Technology, 2018, 29(8): 082001.

[4]Sharpe W N. Handbook of experimental solid mechanics[M]. New York, US: Springer, 2008.

实验 18 数字散斑干涉实验

18.1 实验目的

(1) 通过数字散斑干涉,观测集中荷载作用下的悬臂梁侧表面的面内位移分布。

(2) 观察中心受压圆盘表面的离面位移分布。

18.2 实验仪器和模型

数字散斑干涉仪、图像卡、电子计算机、加载装置、悬臂梁试件、中心受压圆盘。

18.3 实验原理

散斑干涉法是 20 世纪 70 年代发展起来的一种光测实验力学方法,它是一种非接触式的测量物体位移和应变的技术。当漫反射表面被激光照明时,空间中会出现随机分布的亮斑和暗斑,称为散斑。散斑随物体的变形或运动而变化。采用适当的方法,对比变形前后的散斑图的变化,就可以高度精确地检测出物体表面各点的位移,这就是散斑干涉法。

1860 年,随着激光的诞生,全息技术得到快速发展,伴随全息存在的散斑效应开始引起人们的注意。不过,一开始散斑被作为全息噪声来进行研究。随着对散斑现象研究的深入,人们发现,在一定的范围内,散斑场的运动与物体表面各点的运动是一一对应的。由于散斑和被照射物体表面存在着固定的关系,人们在物体位移前和位移后分别将散斑记录在一张照相底片上。底片上的复合散斑图反映了物体表面各点位移的变化,通过适当处理可以将这种位移信息显露出来并加以测量,这就是激光散斑干涉法。20 世纪 70 年代,人们逐渐采用光电子器件(摄像机)代替全息底片记录散斑图,并将其存储在磁带上。由摄像机输入的物体变形后的散斑图通过电子处理方法不断与磁带中存储的物体变形前的散斑图进行比较,并在监视器上显示散斑干涉条纹。这种方法称为电子散斑干涉法(Electronic Speckle-Pattern Interferometry, ESPI)。20 世纪 80 年代后,随着计算机技术、电荷耦合器件(Charge-Coupled Devices,CCD)和数字图像处理技术的快速发展,散斑计量技术进入数字化时代,出现了数字散斑干涉法(Digital Speckle-Pattern Interferometry, DSPI)。数字散斑干涉法把物体变形前后的散斑图通过采样和量化变成数字图像,并通过数字图像处理再现干涉条纹或相位分布。目前,数字散斑干涉法已经取代了电子散斑干涉法。

散斑干涉法记录的散斑图是由漫射物面的随机漫射子波与另一参考光波之间的干涉效应而形成,也称为双光束散斑干涉法。散斑干涉法可用于面内位移测量和离面位移测量,针对不同的测量要求,散斑干涉法具有不同的测量系统。

在散斑干涉法中,两次曝光记录被叠加,由于背景光强的干扰,直接从双曝光散斑图上看不到干涉条纹,因此需要进行滤波以消除不需要的直流分量。而在数字散斑干涉法中,两次曝光记录被独立进行处理,通过相减就能去除直流分量。

18.3.1 面内位移测量

测量 x 方向面内位移分量的数字散斑干涉系统的光路图见图 18-1。用两束准直光波对称照射物面,两束光与物面法线的夹角均为 θ。散射光波成像于 CCD 相机的靶面,并相干叠加,形成合成散斑场。

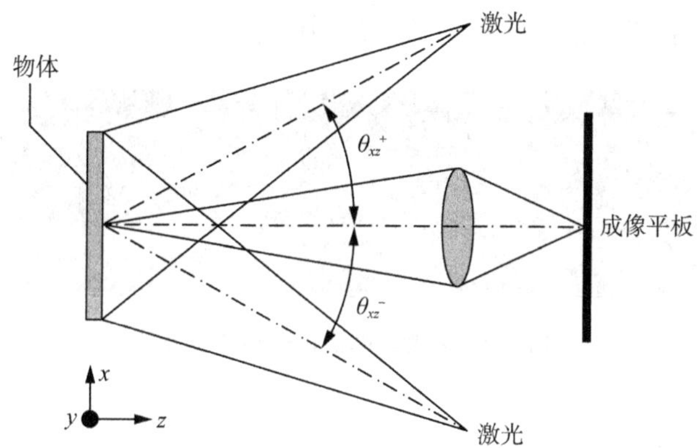

图 18-1 面内位移数字散斑干涉系统

物体变形前 CCD 靶面的光强分布为:

$$I_{\mathrm{i}}(x,y)=I_1+I_2+2\sqrt{I_1 I_2}\cos\varphi \tag{18-1}$$

式中:I_1 和 I_2 分别为对应于两束入射光波的光强分布;φ 为两束入射光波的相位差。

同理,变形后 CCD 靶面的光强分布为

$$I_{\mathrm{f}}(x,y)=I_1+I_2+2\sqrt{I_1 I_2}\cos(\varphi+\delta) \tag{18-2}$$

式中:$\delta=\dfrac{4\pi}{\lambda}u\sin\theta$,$u$ 为沿 x 方向的面内位移分量。

通过相减模式,两幅数字散斑图相减所得差的平方可表示为:

$$(I_{\mathrm{f}}-I_{\mathrm{i}})^2=8I_1 I_2\sin^2\left(\varphi+\frac{\delta}{2}\right)(1-\cos\delta) \tag{18-3}$$

上述方程中的正弦项对应于高频噪声,通过低通滤波可以滤除平方后的正弦项,由此可得系综平均为：

$$B = \langle (I_f - I_i)^2 \rangle = 4 I_1 I_2 (1 - \cos\delta) \tag{18-4}$$

因此当满足条件 $\delta = 2n\pi (n = 0, \pm 1, \pm 2, \cdots)$ 时，条纹亮度将达到最小，即暗条纹将产生于：

$$u = \frac{n\lambda}{2\sin\theta} \ (n = 0, \pm 1, \pm 2, \cdots) \tag{18-5}$$

当满足条件 $\delta = (2n+1)\pi (n = 0, \pm 1, \pm 2, \cdots)$ 时，条纹亮度将达到最大，即亮条纹将产生于：

$$u = \frac{(2n+1)\lambda}{4\sin\theta} \ (n = 0, \pm 1, \pm 2, \cdots) \tag{18-6}$$

集中荷载作用在悬臂梁自由端附近。悬臂梁变形前后的两幅干涉散斑图相减后的条纹图，见图 18-2。

图像上的条纹为沿 x 方向的等位移线，通过图像可以直接观察梁侧表面位移场的分布，进一步采用相移技术可以直接得到条纹的相位分布。

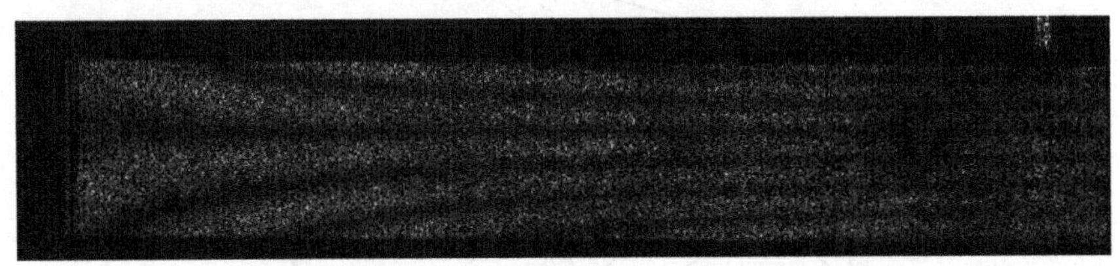

图 18-2　悬臂梁的面内位移等值条纹

18.3.2　离面位移测量

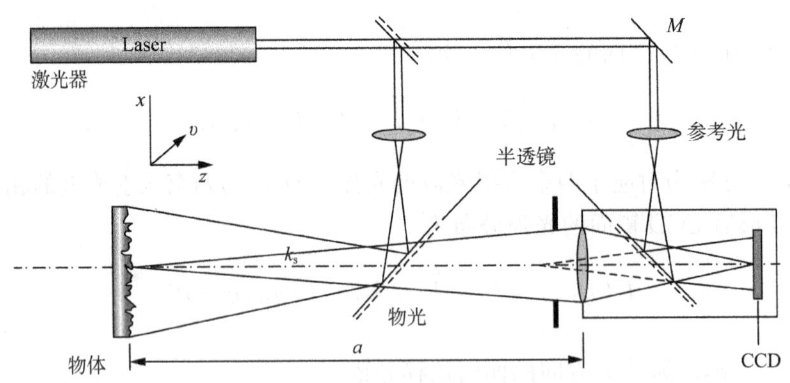

图 18-3　离面位移数字散斑干涉系统

用于测量离面位移的数字散斑干涉系统(麦克尔逊光路)，见图 18-3。物体变形前在第一帧存中记录的光强分布为：

$$I_i(x, y) = I_o + I_r + 2\sqrt{I_o I_r} \cos\varphi \tag{18-7}$$

式中，I_o 和 I_r 分别为对应物体光波和参考光波的光强分布；φ 为两光波之间的相位差。

物体变形后在第二帧存中记录的光强分布为：

$$I_f(x,y)=I_o+I_r+2\sqrt{I_oI_r}\cos(\varphi+\delta) \tag{18-8}$$

式中：$\delta=\frac{4\pi}{\lambda}w$，$w$ 为离面位移分量。

采用相减模式，两幅数字散斑图相减所得差的平方经过低通滤波，得：

$$B=4I_oI_r(1-\cos\delta) \tag{18-9}$$

因此当满足条件 $\delta=2n\pi(n=0,\pm1,\pm2,\cdots)$时，条纹亮度将最小，即暗条纹产生于

$$w=\frac{n\lambda}{2}\ (n=0,\pm1,\pm2,\cdots) \tag{18-10}$$

当满足条件 $\delta=(2n+1)\pi(n=0,\pm1,\pm2,\cdots)$时，条纹亮度将最大，即亮条纹产生于

$$w=\frac{(2n+1)\lambda}{4}\ (n=0,\pm1,\pm2,\cdots) \tag{18-11}$$

中心受压圆盘在变形前后的两幅干涉散斑图相减后得到的条纹图，见图 18-4。图像上的条纹为沿 Z 方向的等位移线。

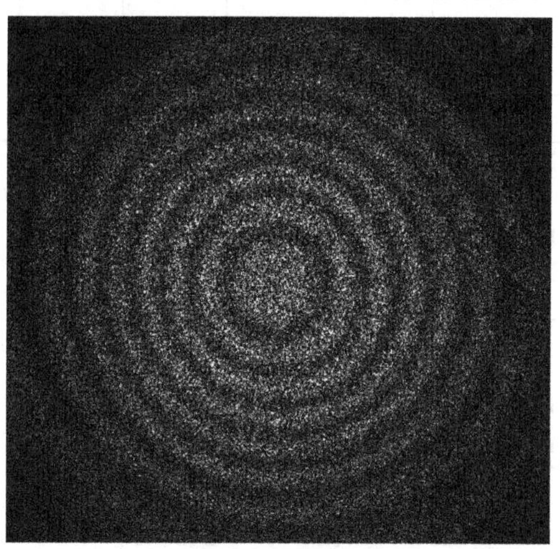

图 18-4 中心受压圆盘的离面位移等值条纹

18.4 实验步骤

(1) 分别按图 18-1 和图 18-3 所示方案布置好光路；

(2) 开启电源，打开电脑，打开图像采集软件；

(3) 用均匀的白光作为光源照射在被测物表面，在计算机中观察并同时调节镜头，使 CCD 对物体成清晰像；

(4) 关闭白光光源,打开激光器光源,使激光均匀照明被测物面;

(5) 采用图像采集软件采集图像,具体步骤:

① 连接图像卡,进入 ESPI 方式;

② 点击“GRAB”,抓取第一幅图像;

③ 给试件加载;

④ 点击“SUBTRACT”,进行实时相减;

⑤ 点击“STOP”,获取干涉条纹图像并存于计算机。

18.5 实验数据及处理

18.5.1 面内位移测量

梁试件的横截面尺寸 $h=$____mm, $b=$____mm,镜头到试件间的垂直距离=____mm。根据实验图像,分析集中荷载作用下的悬臂梁侧表面位移分布规律。

18.5.2 离面位移测量

根据测试图像,识别条纹级数,给出中轴线上暗条纹所对应的图像坐标,填于下表。

坐标									
条纹级数									
挠度									

附计算公式:

(1) 周边固支圆板中心加载的挠度弹性理论计算公式:

$$w=\frac{r_2F}{8\pi D}\ln\frac{r}{a}+\frac{F}{16\pi D}(a^2-r^2),D=\frac{Et^3}{12(1-\mu^2)}$$

其中:a 为测点的位置,r 为圆板的半径,t 为圆板的厚度。

(2) 挠度与条纹级数的关系:

$$w=\frac{n\lambda}{2}\ (n=0,1,2,3,\cdots)$$

其中:λ 为激光的波长,本实验取 633 nm。

18.6 扩展阅读材料

[1] Sharpe W N. Handbook of experimental solid mechanics[M]. New York, US: Springer, 2008.

[2]Gdoutos E E. Experimental mechanics an introduction[M]. Cham, Switzerland: Springer, 2022.

实验 19 数字散斑剪切干涉实验

19.1 实验目的

通过挠曲线的导数场，观察周边固支圆盘受均布法向荷载作用各点的离面位移导数变化。

19.2 实验仪器和模型

剪切散斑干涉仪、电子计算机、均匀受压圆盘及加载装置。

19.3 实验原理

上一节中介绍的散斑干涉法主要适用于面内位移和离面位移的测量。然而，在力学中，我们往往需要的是应变，即位移的导数。由 Y. Y. Hung 提出的剪切散斑干涉法，可以直接得到位移的导数，并且可以大大改善条纹的质量。

散斑剪切干涉法由准直激光照射物体，物面散射光聚焦于 CCD 相机的成像靶面（初始时 M_1、M_2 为相互垂直的两块平面反射镜）。此时，物面散射光的一部分通过半反半透镜 B 直接到达 CCD 成像靶面，还有一部分经平面反射镜 M_1、M_2 反射后到达 CCD 成像靶面，两者干涉形成散斑场。通过倾斜其中的一块平面反射镜 M_2 引起像面上两个散斑场相互剪切，两个剪切散斑场相干叠加产生合成散斑场。散斑剪切干涉法可用于离面位移导数的测量。图 19-1 是数字散斑剪切干涉（Digital Speckle-Shearing-Pattern Interferometry，DSSPI）系统的光路图。

变形前 CCD 靶面上的光强分布为：

$$I_i(x,y)=I_1+I_2+2\sqrt{I_1I_2}\cos\varphi \tag{19-1}$$

式中：I_1 和 I_2 分别为对应于两个剪切散斑场的光强分布；φ 为两个散斑场之间的相位差。

同理，变形后 CCD 靶面上的光强为：

$$I_f(x,y)=I_1+I_2+2\sqrt{I_1I_2}\cos(\varphi+\delta) \tag{19-2}$$

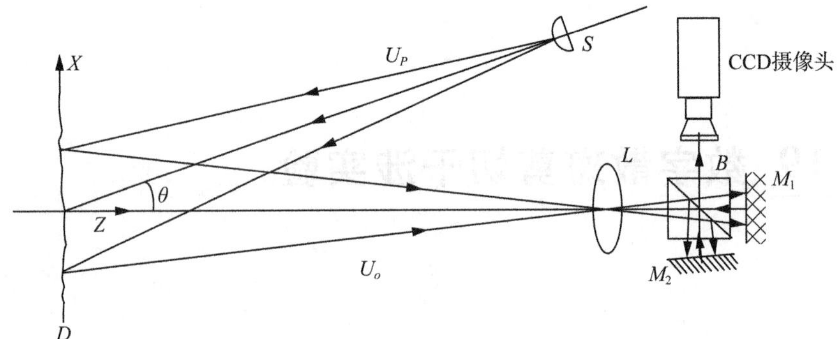

图 19-1　数字散斑剪切干涉系统的光路图

式中：$\delta=\dfrac{4\pi\partial w}{\lambda\partial x}\Delta$，$\Delta$ 为物面剪切量；$\dfrac{\partial w}{\partial x}$ 为离面位移沿 x 方向的偏导数(斜率)。I_1 和 I_2 之差平方的系综平均为：

$$B=<(I_f-I_i)^2>=4I_1I_2(1-\cos\delta) \tag{19-3}$$

显然，暗条纹将产生于 $\delta=2n\pi$，即：

$$\frac{\partial w}{\partial x}=\frac{n\lambda}{2\Delta}\ (n=0,\pm1,\pm2,\cdots) \tag{19-4}$$

亮条纹将产生于 $\delta=(2n+1)\pi$，即：

$$\frac{\partial w}{\partial x}=\frac{(2n+1)\lambda}{4\Delta}\ (n,0,\pm1,\pm2,\cdots) \tag{19-5}$$

图 19-2 所示为周边固支圆盘在均布法向荷载作用下变形前后的两幅干涉散斑图相减后的条纹图。条纹密的地方斜率比较大，条纹稀疏的地方斜率变化比较小，且位于同一条纹上的点在 x 方向的斜率相同。

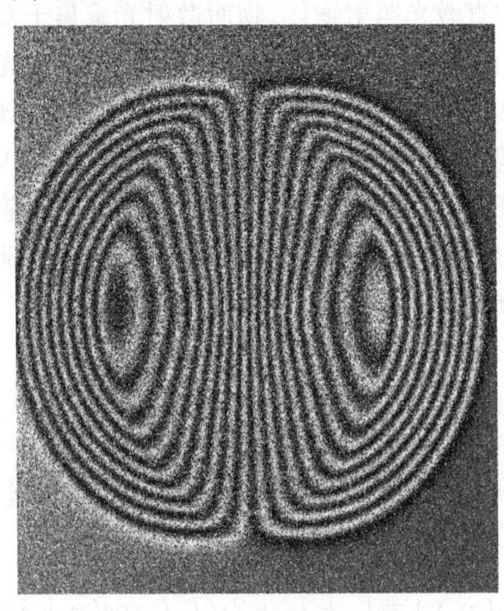

图 19-2　均布受压圆盘的离面位移导数等值条纹图

19.4　实验步骤

（1）按图示方案布置光路。

（2）将被测物放在仪器正前方，被测物中心线与仪器成像光路中心线一致；将 CCD 与电脑连接。

（3）开启电源，打开电脑，打开图像采集软件。

（4）用均匀的白光作为光源照射在被测物表面，在计算机中观察并同时调节镜头物距，使 CCD 成像清晰。

（5）关闭白光光源，打开激光器电源，调节扩束镜，使光均匀照射在试件表面。

（6）采用图像采集软件采集图像，具体步骤如下：

① 打开软件，进入实时采集状态；

② 调节剪切镜，至图像产生水平错位（或竖直方向错位）；

③ 点击“SUBTRACT”，进行实时相减。此时实时显示一般为全黑或半暗，无条纹出现；

④ 对圆盘试件中心加载，使其产生离面位移（w 方向），此时图像采集窗口可观察到类似于图 19-2 的条纹，且条纹数量随荷载的增大而增多；

⑤ 点击“STOP”，获取$\frac{\partial w}{\partial x}$离面位移导数图像，将图像存入计算机。

19.5　实验数据及处理

根据测试图像，识别条纹级数填于下表。

坐标								
条纹级数								

19.6　扩展阅读材料

[1] Sharpe W N. Handbook of experimental solid mechanics[M]. New York, US: Springer, 2008.

[2]Gdoutos E E. Experimental mechanics an introduction[M]. Cham, Switzerland: Springer, 2022.

实验 20 虚拟仿真实验(运载火箭变形测试)

20.1 实验目的

(1) 了解薄壁结构屈曲变形的现象和特点,理解火箭舱段薄壁结构屈曲变形的现象、原理和测量需求。

(2) 掌握相机和镜头的基础知识以及数字图像相关方法的基本原理。

(3) 了解双目视觉原理、三维数字图像相关原理和双相机立体标定原理。

(4) 了解多相机的布置原则、基于编码点的单相机三维重构方法和多相机坐标系统方法。

20.2 实验简介

本虚拟实验以测量火箭舱段的全场变形为最终目标,设计了 4 个实验环节、15 个交互步骤,涵盖 9 个知识点,见图 20-1。通过实验任务驱动和各环节的启发引导,学生在完成任务的过程中能够自主学习二维数字图像相关、双目相机立体标定和三维数字图像相关等背景知识,并了解多相机数字图像相关方法在航空航天大型结构测量中的应用。

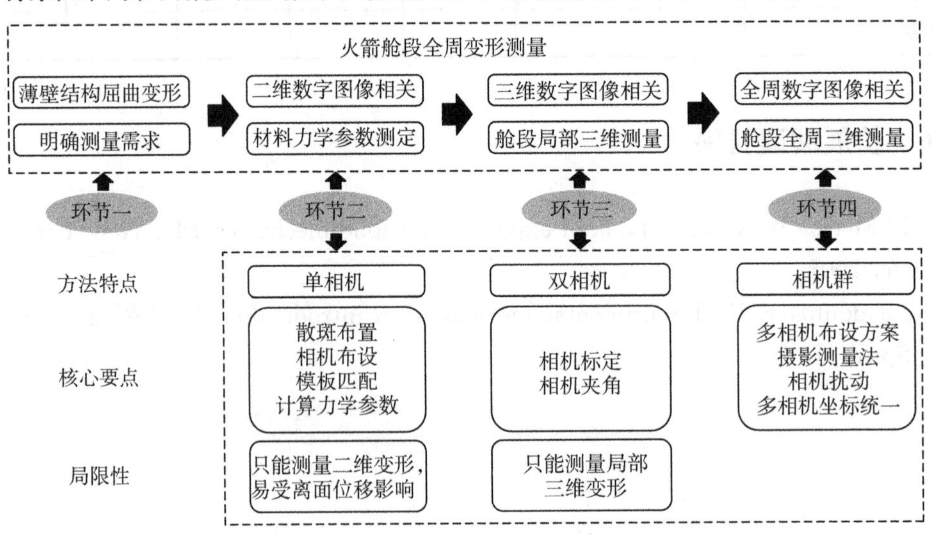

图 20-1 运载火箭变形测试流程

20.3　实验步骤

进入虚拟实验场景大厅,见图 20-2。在虚拟实验场景大厅的菜单引导下,查看背景知识和实验报告,学习各环节的实验指南和步骤。

图 20-2　运载火箭变形测试虚拟仿真实验软件场景

实验共有 4 个环节和 15 个操作步骤,具体如下:

(1) 环节一:运载火箭舱段屈曲变形

了解运载火箭变形测试需求。

步骤 1:自测题

考察对基于计算机视觉、数字图像相关、力学测试、结构屈曲破坏等背景知识的了解和掌握程度。

(2) 环节二:力学参数测定

步骤 2:尺寸测量和散斑准备

步骤 3:二维测量系统的布置

步骤 4:数字图像相关匹配计算

步骤 5:力学参数计算

步骤 6:离面位移对二维测量的影响

(3) 环节三:三维变形测量

步骤 7:双相机夹角对测量精度的影响

步骤 8:三维测量系统布置和散斑选取

步骤 9:双目相机的标定

步骤 10:局部三维变形计算

(4) 环节四:全周变形测量

步骤 11:多相机布置学习

步骤 12:相机扰动对测量精度的影响

步骤 13:基于编码点的单相机三维重构和多相机坐标统一

步骤 14:应变计的布置

步骤 15:全周三维变形测量结果

20.4 虚拟仿真实验链接

虚拟实验网页地址:(https://www.ilab-x.com/details/page?id=11754&isView=true)

附录1 实验数据处理和不确定度

1.1 有效数字

1.1.1 有效数字的位数

有效数字是指在表达一个数量时，其中的每一个数字都是准确的、可靠的，而只允许保留最后一位估计数字，这个数量的每一个数字为有效数字。

对于一个近似数，从左边第一个不是0的数字起，至精确到的位数为止，所有的数字都叫做这个数的有效数字。

(1) 纯粹理论计算的结果：如 π、e 等，它们可以根据需要计算到任意位数的有效数字，如 π 可以取 3.14，3.141，3.141 5，3.141 59 等。因此，这一类数量的有效数字的位数是无限制的。

(2) 测量得到的结果：这一类数量的末一位数字往往是估计得来的，因此具有一定的误差和不确定性。例如用游标卡尺测量试样的直径为 10.46 mm，其中百分位是 6，因游标卡尺的精度 0.02 mm，所以百分位上的 6 已不大准确，而前三位数是肯定准确、可靠的，最后一位数字已带有估计的性质。所以对于测量结果只允许保留最后一位不准确数字，这是一个四位有效数字的数量。示例图见附图 1-1。

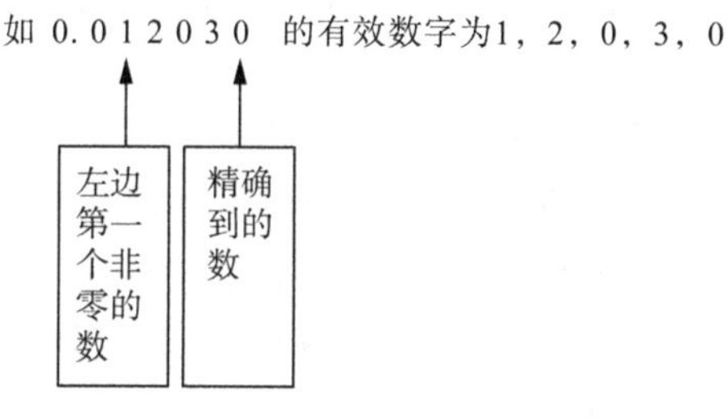

附图 1-1 有效数字示例

1.1.2 有效数字的运算规则

根据国标 GB/T 8170—2008《数值修约规则与极限数值的表示和判定》，在近似数运算中，为了确保最后结果尽可能高的精度，所有参加运算的数据，在有效数字后可多保留一位数字作为参考数字，或称为安全数字。

(1) 加减运算

运算结果的有效数字的末位应与小数点位最高的分量末位对齐。

举例：$x=189.6$，$y=6.238$，$z=4.36$

则 $f=x+y-z=189.6+6.238-4.36=191.478\rightarrow 191.5$。与小数点位最高的分量189.6末位对齐。

(2) 乘除运算

以有效位数最少的分量为准，将其他分量取到比它多一位，计算结果的有效位数和有效位数最少的分量相同。

举例：$l=12.86$，$t=1.53$，求 $f=\dfrac{l}{\pi t^2}$

$f=\dfrac{l}{\pi t^2}=\dfrac{12.86}{3.142\times 1.53^2}=1.748\rightarrow 1.75$。取有效位数最少1.53分量的有效位数。

(3) 乘方和开方运算

乘方和开方结果的有效数字同乘除运算。

(4) 函数的运算规则及有效数字

通常函数的有效数字同自变量的有效数字。

1.2 实验数值修约

1.2.1 数值修约规则概述

测量结果及其不确定度同所有数据一样都只取有限位，多余的位应予修约。数值修约规则采用国家标准GB/T 8170—2008规定。修约规则与修约间隔有关。

修约间隔是确定修约保留位数的一种方式。修约间隔一经确定，修约值即应为该数值的整数倍。例如，指定修约间隔为0.1，修约值即应在0.1的整数倍中选取，相当于将数值修约到一位小数；指定间隔为100，修约值应在100的整数倍中选取，相当于将数值修约到"百"数位。

数值修约时首先要确定修约间隔，具体规定如下：

(1) 指定修约间隔为10^{-n}(n为正整数)，或指明将数值修约到n位小数；

(2) 指定修约间隔为1，或指明将数值修约到"个"位数；

(3) 指定修约间隔为10^n(n为正整数)，或指明将数值修约到10^n数位，或指明将数值修约到"十"、"百"、"千"……数位。

1.2.2 进舍规则

(1) 拟舍弃数字的最左一位数字小于5，则舍去，保留其余各位数字不变；

(2) 拟舍弃数字的最左一位数字大于5，则进一，即保留数字的末尾数字加1；

(3) 拟舍弃数字的最左一位数字是5，且其后有非0数字时进一，即保留数字的末位数字加 1。

(4) 拟舍弃数字的最左一位数字为 5，且其后无数字或皆为 0 时，若所保留的末位数字为奇数(1,3,5,7,9)则进一，即保留数字的末位数字加 1；若所保留的末位数字为偶数(2,4,6,8,0)则舍去。以上记忆口诀为“5 下舍去 5 上进，5 整单进双舍去”。例：

修约到 1 位小数：12.149 8→12.1

修约到个位数：10.502→11

修约到百位数：1 268→13×10^2

修约间隔 0.1：1.050→1.0，0.350→0.4

修约间隔 10^3：2 500→2×10^3，3 500→4×10^3

注意：本进舍规则不许连续修约。

例如：修约 15.454 6，修约间隔为 1。

正确的做法为：15.454 6→15；

不正确的做法为：15.454 6→15.455→15.46→15.5→16。

在具体实施中，有时先将获得的数值按指定位数多一位或几位报出，然后再判定。为避免产生连续修约的错误，应按下述步骤进行：

(1) 当报出数值最右的非 0 数字为 5 时，应在数值右上角加“＋”或加“－”或不加符号，分别表明已进行过舍、进或未舍未进。如 16.50(＋)表示实际值大于 16.50，经修约舍弃为 16.50。

(2) 如对报出值需进行修约，当拟舍数字的最左一位数字为 5，且其后无数字或皆为 0 时，数值右上角有“＋”者进一，有“－”者舍去，其余仍按进舍规则进行，具体见附表 1-1。

附表 1-1　报出值修约示例

实测值	报出值	修约值
15.454 6	15.5^-	15
16.520 3	16.5^+	17
17.500 0	17.5	18

1.2.3　0.5 及 0.2 单位修约

有时需用 0.5 单位修约或 0.2 单位修约。

(1) 0.5 单位修约法：将拟修约数值 A 乘 2，按指定数位依进舍规则修约，所得数值再除以 2。例如：将附表 1-2 中数字修约至“个”位数的 0.5 单位。

附表 1-2　0.5 单位修约示例

拟修约值(A)	拟修约值乘 2($2A$)	$2A$ 修约值(修约间隔为 1)	A 修约值(修约间隔为 0.5)
60.25	120.50	120	60.0
60.38	120.76	121	60.5
60.75	121.50	122	61.0

(2) 0.2 单位修约法：将拟修约数值乘 5，按指定数位依进舍规则修约，所得数值再除以 5。例如：将附表 1-3 中数字修约至“个”位数的 0.2 单位。

附表 1-3 0.2 单位修约示例

拟修约值(A)	拟修约值乘 5($5A$)	$5A$ 修约值(修约间隔为 1)	A 修约值(修约间隔为 0.2)
8.42	42.10	42	8.4

1.2.4 最终测量结果修约

最终测量结果应不再含有可修正的系统误差。

力学实验所测定的各项性能指标及测试结果的数值一般是通过测量和运算得到的。由于计算过程的特点，其结果往往出现多位甚至无穷多位数字，但这些数字并不是都具有实际意义。在表达和书写这些数值时，必须对它们进行修约处理。在进行数值修约之前，应明确保留几位有效数字，也就是说应修约到哪一位数。性能数值的有效位数主要决定于测试的精确度。例如，某一性能数值的测试精确度为±1%，则计算结果保留 4 位或 4 位以上有效数字显然没有实际意义，这会夸大测量的精确度。在力学性能测试中，测量系统的固有误差和方法误差决定了性能数值的有效位数。

1.3 误差的概念

1.3.1 真值的概念

被测对象的真实值(客观存在的值)即为被测对象的真值。真值往往是未知的，只有在三种状态下，真值被认为是已知的，即：计量学规定真值、理论真值和相对真值。

(1) 计量学规定真值：国际计量大会决议通过定义的某些基准量值，称为计量学规定真值或计量学约定真值。例：长度 1 m 的定义，指光在真空中 1/299 792 458 s 时间间隔内的行程长度。

(2) 理论真值：由公认的理论公式导出的结果，或由规定真值经过理论公式推导而导出的结果。例：三角形内角之和为 180°，圆周率 $\pi=3.141\ 592\cdots$。

(3) 相对真值：通过计量值传递而确定的量值基准，算术平均值也可作为相对真值。由此可见，相对真值本身已具有误差。

1.3.2 误差的概念

误差是指某被测量的测量值与其真实值(或称真值)之间的差别。由于真值通常是未知的，因而误差具有不确定性。通常只能估计误差的大小及范围，而不能确切指出误差的大小。由于误差来源和性质的不同，误差表现出各种各样的规律。因而根据使用目的的不同，常使用不同的表示方法来表示误差的大小。

根据测量对象的不同，测量误差可用多种方法表示。

(1) 绝对误差：指测量值与真值之差，即：绝对误差 ＝测量值 －真值；

（2）相对误差：有利于评价测量过程的质量和水平，即：

$$相对误差=\frac{绝对误差}{被测真值}\times 100\%$$

（3）引用误差：用于衡量仪器的测量误差，即：

$$引用误差=\frac{示值误差}{最大示值}\times 100\%$$

误差的来源是多方面的，主要有以下几个方面：

（1）测量装置误差：包括实验设备、测量仪器或仪表带来的误差。如设备加工粗糙、安装调试不当、缺少正确的维护保养、设备磨损等因素导致的仪器传递误差，非线性、滞后、刻度不准等带来的误差。

（2）测量环境误差：主要指环境的温度、湿度、气压、振动、电场、磁场等与要求的标准状态不一致，引起的测量装置和被测量本身的变化所造成的测量误差。

（3）测量方法误差：指测量的方法不当而引起的测量误差。例如，使用钢卷尺测量圆柱体的直径，这种方法本身就不合理。

（4）测量人员误差：指测量者的分辨能力、熟练程度、精神状态等因素引起的测量误差。

按误差的性质，通常将误差分为随机误差、系统误差和粗大误差三类。

（1）随机误差：在相同条件下，对同一对象进行多次重复测量时，有一种大小和符号（正、负）都随机变化的误差，该误差称为随机误差。就单次测量而言，测量中出现的随机误差没有规律，即大小、正负都不确定；但对于多次重复测量，随机误差符合统计规律，可用统计学的方法来处理。大多数随机误差符合正态分布规律。如附图 1-2 所示，符合正态分布的随机误差具有以下特点：

① 对称性：绝对值相等的正误差与负误差出现的概率相等；

② 单峰性：绝对值小的误差出现的概率大，而绝对值大的误差出现的概率小；

③ 有界性：在有限次测量中，随机误差的绝对值不会超过一定界限；

④ 抵偿性：随着测量次数的增加，随机误差 ε_i 的代数和 $\sum_{i=1}^{n}\varepsilon_i$ 趋于零。

（2）系统误差：在相同条件下，对同一对象进行多次测量时，有一种大小和符号都保持不变，或者按某一确定规律变化的误差，称为系统误差。

按系统误差出现的特点以及对测量结果的影响，可分为定值系统误差和变值系统误差两大类。

① 定值系统误差：在整个测量过程中，误差的大小和符号都是不变的。

② 变值系统误差：在测量过程中，误差的大小和符号按一定的规律变化。根据变化规律，变值系统误差可分为以下几种：

A. 累积性系统误差（或称线性变化系统误差）：在整个测量过程中，随着测量时间的增长或测量数值的增大，误差逐渐增大或减小；

B. 周期性系统误差：误差的大小和符号呈周期性变化；

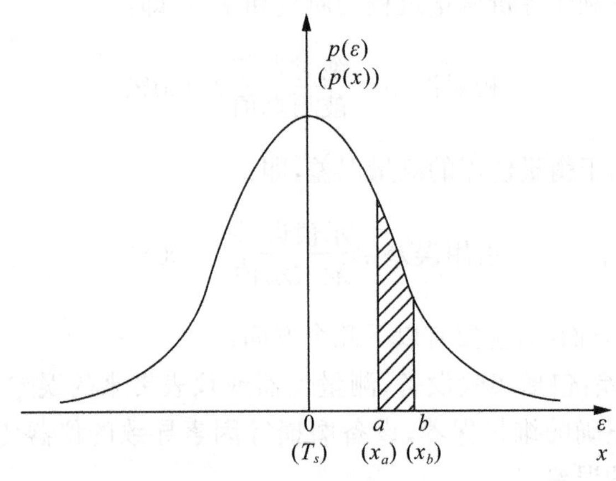

附图 1-2　正态分布曲线

C. 按复杂规律变化的系统误差:这种误差在测量过程中按一定的但比较复杂的规律变化。

附图 1-3 为几种常见的系统误差随时间变化的曲线。

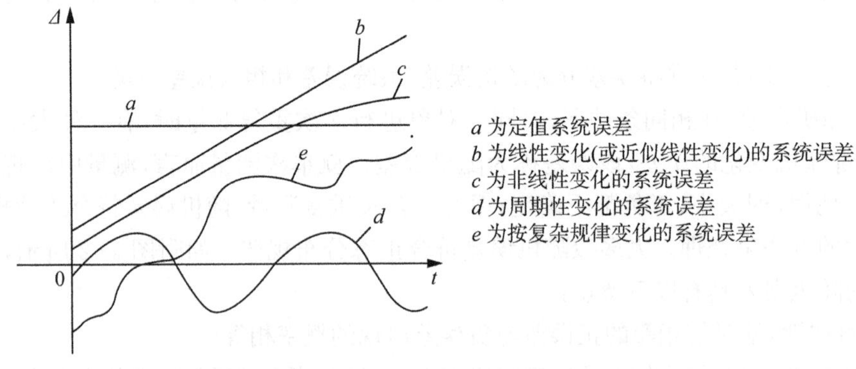

附图 1-3　几种常见的系统误差

根据对系统误差掌握的程度,系统误差又可分为确定系统误差和不确定系统误差两类。

① 确定系统误差是指误差取值的变化规律和具体数值都已知,通过修正方法可消除的系统误差。

② 不确定系统误差是指误差的具体数值、符号(甚至规律)都未确切掌握,但不是随机误差,且不具备随机误差的可抵偿性特征的系统误差。

(3) 粗大误差:由于测试人员的粗心大意而造成的误差。例如,测试设备的使用不当或测试方法不当,实验条件不符合要求,错读、错记、偶然干扰误差等造成明显歪曲测试结果的误差。粗大误差通常具有明显的特点,可以将测量数据从多次测量结果中剔除。

1.3.3　测量数据精度的概念

测量结果与真值的接近程度称为精度。它与误差的大小相对应。误差小则精度高,误差大则精度低。目前常用下述三个概念来评价测量精度：

（1）准确度：反映测量结果中系统误差的影响程度，表示测试数据的平均值与被测量真值之间的偏差。准确度高意味着系统误差小。

（2）精密度：反映测量结果中随机误差的影响程度，表示测试数据相互之间的偏差，亦称重复性。精密度高，则测试数据点比较集中。

（3）精确度：反映测量结果中系统误差和随机误差的综合影响程度。精确度高，则系统误差和随机误差都小，因而其准确度和精密度必定都高。

准确度、精密度和精确度三者的含义，可用附图 1-4 中打靶的情况来描述。图(a)的精密度很高，即随机误差小，但准确度低，有较大的系统误差；图(b)表示精密度不如图(a)，但准确度较图(a)高，即系统误差不大；图(c)表示精密度和准确度都高，即随机误差和系统误差都不大，即精确度高。我们希望得到精确度高的结果。

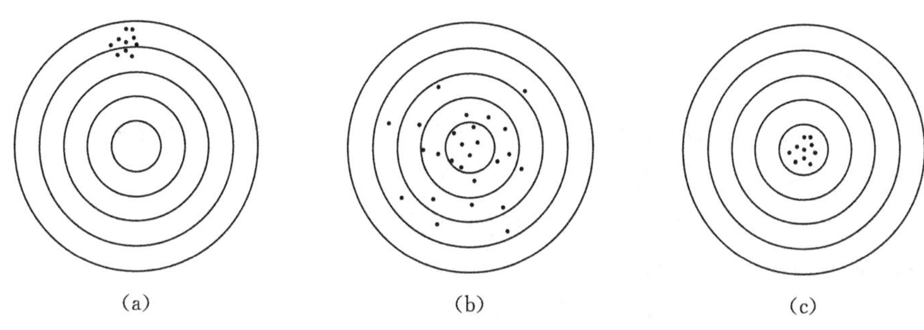

附图 1-4　数据精度比较示意图

1.4　测量不确定度

1.4.1　不确定度的概念

在标准 GB/T 27418—2017《测量不确定度评定和表示》中，不确定度的定义是利用可获得的信息，表征赋予被测量量值分散性的非负参数。不确定度是与测量结果相关的参数，用于表达被测量值的离散度。

完整的测量结果至少含有两个基本量：一是被测量的最佳估计值，在很多情况下，测量结果是在重复观测的条件下确定的。二是描述该测量结果分散性的量，即测量结果的不确定度。报告测量结果的不确定度有合成标准不确定度和扩展不确定度两种方式。在报告与表示测量结果及其不确定度时，标准 GB/T 27418—2017《测量不确定度评定和表示》对两者数值的位数做出了相应的规定。它合理地说明了测量值的分散程度和真值所在范围的可靠程度。不确定度亦可理解为在一定置信概率下误差限的绝对值。测量不确定度是测量质量的指标，是对测量结果残存误差的评估。不确定度的分类见附图 1-5。

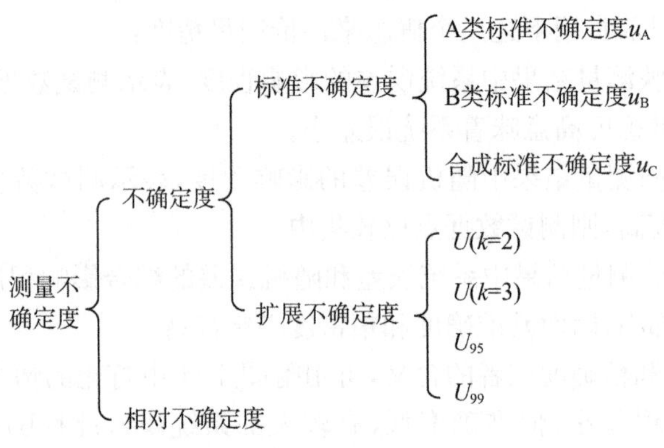

附图 1-5 不确定度的分类

1.4.2 不确定度的术语

(1) 标准不确定度:不确定度是说明测量结果可能的分散程度的参数。可用标准偏差表示,也可用标准偏差的倍数或置信区间的半宽度表示。

A类标准不确定度:用统计方法得到的不确定度。

B类标准不确定度:用非统计方法得到的不确定度。

(2) 合成标准不确定度:由各不确定度分量合成的标准不确定度。

(3) 扩展不确定度:是由合成标准不确定度的倍数表示的测量不确定度,即用包含因子 k 乘合成标准不确定度得到一个区间半宽度,用符号 U 表示。包含因子的取值决定了扩展不确定度的置信水平。扩展不确定度确定了测量结果附近的一个置信区间。通常测量结果的不确定度都用扩展不确定度表示。

1.4.3 不确定度的来源

(1) 被测量定义的不完善,实现被测量定义的方法不理想,被测量样本不能代表所定义的被测量。

(2) 测量装置或仪器的分辨力、抗干扰能力、控制部分稳定性等影响。

(3) 测量环境的不完善对测量过程的影响以及测量人员技术水平等影响。

(4) 计量标准和标准物质的值本身的不确定度,在数据简化算法中使用的常数及其他参数值的不确定度,以及在测量过程中引入的近似值的影响。

(5) 在相同条件下,由随机因素所引起的被测量本身的不稳定性。

1.5 多次直接测量量的标准不确定度的评定

1.5.1 标准不确定度的 A 类评定方法

(1) $\overline{x}=\frac{1}{n}\sum_{i=1}^{n}x_i$

(2) $S(X)=\sqrt{\dfrac{\sum_{i=1}^{n}(x_i-\overline{x})^2}{n-1}}$，式中自由度为 $v=n-1$。

(3) $u_A=S(\overline{x})=\dfrac{S(X)}{\sqrt{n}}$

在简单情况下，u_A 的自由度 v 等于 $n-1$，自由度数值越大，说明测量不确定度越可信。

1.5.2　标准不确定度的 B 类评定方法

由于 B 类不确定度在测量范围内无法用统计方法评定，方法评定的主要信息来源是以前测量的数据、生产厂提供的技术说明书、各级计量部门给出的仪器检定证书或校准证书等。从力学实验教学的实际出发，一般只考虑由仪器误差影响引起的 B 类不确定度 u_B 的计算。在某些情况下，有的依据仪器说明书或检定书，有的依据仪器的准确度等级，有的则粗略地依据仪器的分度或经验，从这些信息可以获得该项系统误差的极限 Δ，而不是标准不确定度。它们之间的关系为：

$$u_B=\frac{\Delta}{C}$$

式中，C 为置信概率 $p=0.683$ 时的置信系数，对仪器的误差服从正态分布、均匀分布、三角分布，C 分别为 3、$\sqrt{3}$、$\sqrt{6}$。大多数力学实验测量可认为一般仪器误差分布函数服从均匀分布，即 $C=\sqrt{3}$（附表 1-4）。实验中 Δ 主要与未定的系统误差有关，而未定系统误差主要来自仪器误差 $\Delta_{仪}$（附表 1-5），用仪器误差 $\Delta_{仪}$ 代替 Δ，所以一般 B 类不确定度为：

$$u_B=\frac{\Delta_{仪}}{C}$$

附表 1-4　几种非正态分布的置信因子 C

分布	三角	梯形	均匀	反正弦
置信因子 C（置信概率 $p=0.683$）	$\sqrt{6}$	$\dfrac{\sqrt{6}}{\sqrt{1+\beta^2}}$	$\sqrt{3}$	$\sqrt{2}$

附表 1-5　常用实验设备的 $\Delta_{仪}$ 值

仪器名称	$\Delta_{仪}$
米尺	0.5 mm
游标卡尺	0.02 mm
千分尺	0.005 mm
计时器	仪器最小读数（1 s、0.1 s、0.01 s）
电阻应变仪	1 $\mu\varepsilon$
电子拉伸试验机	10 N 或 5 N

续表

仪器名称	$\Delta_{仪}$
各类数据仪表	仪器最小计数
电表	K%M(K为准确度或级别,M为量程)

单次直接测量的标准不确定度的评定：

在实验中,只测一次大体有三种情况:第一,仪器精度较低,偶然误差很小,多次测量读数相同,不必进行多次测量;第二,对测量结果的准确程度要求不高,只测一次就够了;第三,因测量条件的限制(如金属拉伸实验中试样不可重复使用),不可能进行多次测量。在单次测量中,不能用统计方法求标准偏差,因而不确定度可简化为:$u_A=0$,$u_B=\frac{\Delta_{仪}}{\sqrt{3}}$。

1.5.3 合成标准不确定度的计算方法

对于受多个误差来源影响的某直接测量量,被测量量 X 的不确定度可能不止一项,设其有 k 项,且各不确定分量彼此独立,其协方差为零,则用方和根方式合成,不论各分量是由A类评定还是B类评定得到,称合成标准不确定度,用符号 u_C 表示：

$$u_C=\sqrt{\sum_{i=1}^{k}u_i^2}$$

事实上,在大多数情况下,我们遇到的每一类不确定度只有一项,因此,合成标准不确定度计算可简化为：

$$u_C=\sqrt{u_A+u_B}=\sqrt{\frac{1}{n(n+1)}\sum_{i=1}^{k}(x_i-\overline{x})^2+\frac{\Delta_{仪}^2}{3}}$$

评价测量结果,也写出相对不确定度,相对不确定度常用百分数表示。

1.5.4 关于扩展不确定度与测量不确定度的报告与表示

扩展不确定度 U(expanded uncertainty)由合成不确定度 u_C 与包含(覆盖)因子 k(coverage factor)的乘积得到 $U=u_Ck$。

包含因子的选取方法有以下几种：

(1) 如果无法得到合成标准不确定度的自由度,且测量值接近正态分布时,一般取 k 的典型值为2或3,通常在工程应用时,按惯例取 $k=3$。

(2) 根据测量值的分布规律和所要求的置信水平,选取 k 值。例如,假设为均匀分布时,置信水平 $p=0.95$,查附表1-6得 $k=1.96$。

完整的测量结果应有两个基本量,一是被测量量的最佳估计值 y,一般由数据测量列的算术平均值给出,另一个就是描述该测量结果分散性的量,即测量不确定度,为方便起见,在实验中一般以合成标准不确定度 u_C 给出,即：

$$x=x\pm u_C(置信概率\ p=68.3\%)$$

$$x = x \pm U(\text{置信概率 } p = 95.0\%)$$

附表 1-6　正态分布情况下置信概率 p 与包含因子 k 的关系

$p/\%$	50	68.27	90	95	95.45	99	99.73
k	0.67	1	1.645	1.960	2	2.576	3

1.5.5　测量不确定度的评定步骤

(1) 明确被测量的定义及测量条件、原理、方法、被测量的数学模型，以及所用的测量标准、测量设备等。

(2) 分析并列出对测量结果有明显影响的不确定度来源，每个来源为一个标准不确定度分量。

(3) 定量评定各不确定度分量，特别注意采用A类评定方法时要剔除异常数据。

对直接单次测量，$u_A=0$，$u_B=\dfrac{\Delta_{仪}}{\sqrt{3}}$，$u_C=u_B$。

对直接多次测量，先求测量列算术平均值 $\bar{x}$，再求平均值的实验标准差、A类标准不确定度、B类标准不确定度。

(4) 计算合成标准不确定度 $u_C=\sqrt{u_A+u_B}$。

(5) 计算扩展不确定度 $U=u_C k$。

(6) 报告测量结果实验中的不确定度简化为：$x=x\pm U$(置信概率 $p=95.0\%$)。

1.6　金属材料拉伸实验结果不确定度评定

金属材料拉伸实验结果不确定度的评定可见GB/T 228.1—2021的附录O，由于篇幅关系，这里不再详细叙述。

附录 2 电阻应变仪使用方法简介

2.1 静态电阻应变仪的工作原理

静态电阻应变仪是专供测量不随时间变化或变化极缓慢的电阻应变仪器，其功能是将应变电桥的输出电压放大，在显示部分以刻度或数字形式显示应变的数值，或者向记录仪输入模拟应变变化的电信号。应变测量时，把粘贴在构件上的应变计接入电桥，将电桥预先调平衡，当构件受力发生变形时，应变计随之产生电阻值的变化，从而影响电桥的平衡，产生输出电压，通过仪表显示出应变的数值。

静态电阻应变仪的工作原理框图见附图 2-1。

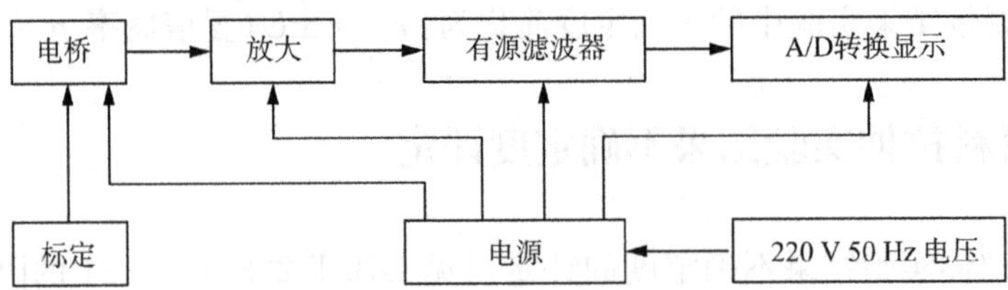

附图 2-1　静态电阻应变仪原理图

YJ－4501A 型静态电阻应变仪的工作原理框图见附图 2-2，可同时测量 12 个点的应变。

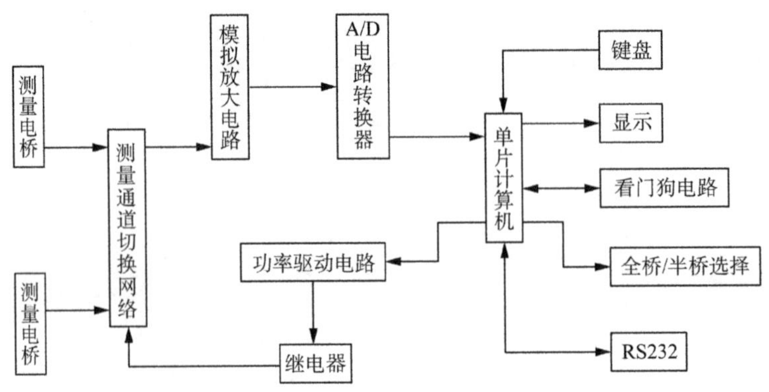

附图 2-2　YJ－4501A 型静态电阻应变仪原理图

2.2　XL2101C 程控静态电阻应变仪使用方法

2.2.1　XL2101C 程控静态电阻应变仪面板

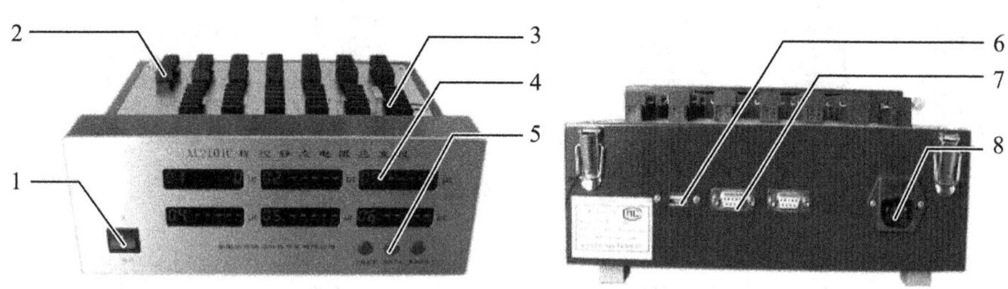

附图 2-3　XL2101C 程控静态电阻应变仪面板

XL2101C 程控静态电阻应变仪面板见附图 2-3，包括多个关键部件：

1—电源开关。

2—接线端子。

3—补偿端子。

4—显示窗口：7 位 LED——2 位测点序号、5 位测量值显示。

5—功能键：有以下 3 种功能：

① 系统设定：工作模式及参数设置功能选择键。开机自检时，该键进入工作模式选择状态；测量状态，该键进入参数设置状态。

② 自动平衡：测量状态，对各通道进行平衡，显示清零；工作模式及参数设置状态，从左到右循环移动闪烁位位置。

③ 通道切换：测量状态，进行通道切换；参数设置状态，进行阻值选择、从 0～9 循环改变闪烁位数值。

6—串口 1：USB 接口；与计算机进行通信。

7—串口 2：级联接口；多台仪器进行级联测试时的拓展接口。

8—电源插座：仪器工作电压为 AC 220 V (±10%)50 Hz。

2.2.2　使用方法

(1) 根据测试要求，选择合适的桥路进行接线。

XL2101C 程控静态电阻应变仪上面板是由测量端和补偿端(公共补偿)两部分组成。在实际测试过程中，用户可根据测试要求选择不同桥路进行测试，该静态电阻应变仪组桥方式多样，如单臂半桥(公共补偿)、双臂半桥、全桥和混合组桥，具体接桥方法如下：

① 仪器测量端中每个测点上除了标有组桥必需的 A、B、C、D 四个测点外，还设计了一个辅助测点 B1，该测点只有在单臂半桥时使用，必须将 B 和 B1 测点之间的短路片短接，桥路选择的 D1 和 D2 需要连接，见附图 2-4。

② 在组接双臂半桥或全桥时必须将 B 和 B1 测点之间的短路片断开。双臂半桥时桥

路选择的 D2 和 D3 需要连接，见附图 2-5；全桥时需要将桥路选择的 D1、D2 和 D3 断开，见附图 2-6。

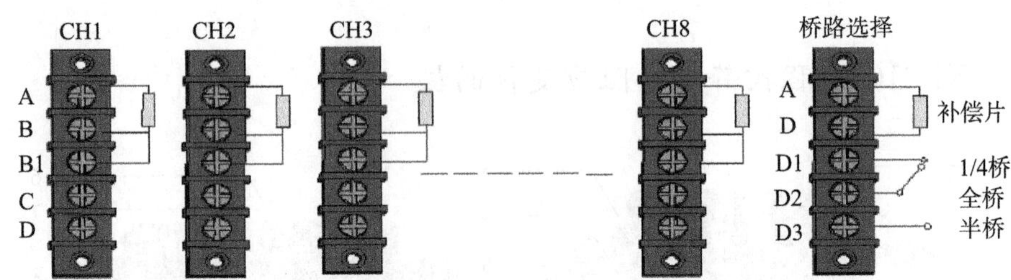

附图 2-4 单臂半桥（公共补偿）接线方法

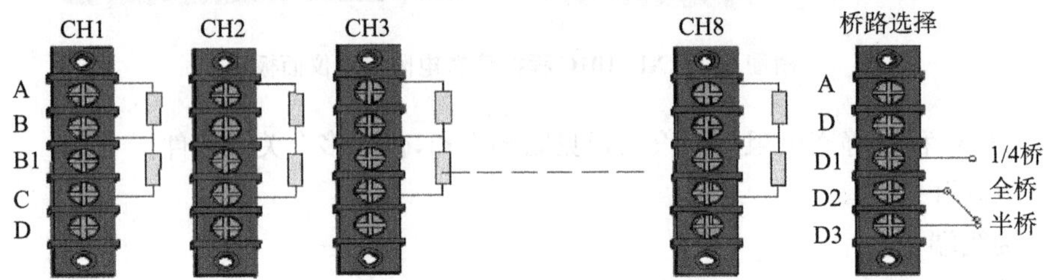

附图 2-5 双臂半桥接线方法

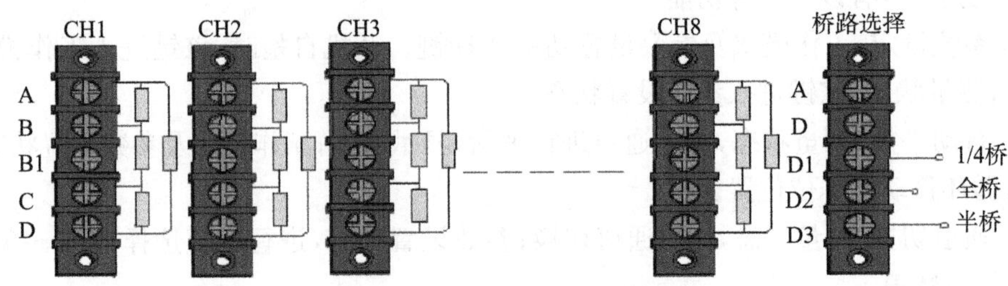

附图 2-6 四臂全桥接线方法

（2）确认接线无误后，将工作模式设置为"OFF"本机自控工作模式。

XL2101C 程控静态电阻应变仪具有三种工作模式，分别为计算机外控、计算机监控和本机自控工作模式。在使用该仪器时，首先应进行工作模式设置。打开仪器电源开关，仪器进入自检状态，当 LED 显示"8888888"或"2101C"字样时，按下"系统设定"键 3 s 以上，仪器自动进入工作模式设置状态。"OFF"表示本机自控工作模式，"ON"表示计算机外控工作模式。仪器出厂默认为"OFF"本机自控工作模式，设置完毕后，按"系统设定"键保存设置，仪器自动返回到测量状态。

（3）在测量状态下，对仪器进行参数设置。

在测量状态下按"系统设定"键 3 s 以上，仪器自动进入参数设置状态。仪器上有 3 种应变计电阻阻值的选项，分别为 120/240/350 Ω，根据使用的应变计电阻阻值，使用"通道切换"键进行电阻阻值切换，应变计电阻选择完成后，按"系统设定"键进行确认，进入电阻应变计灵敏系数调整状态，通过按"自动平衡"键，改变闪烁位位置；再通过"通道切换"键，改变闪烁位的数值，应根据使用应变计的灵敏系数进行设置，仪器灵敏系数设定范围为 1.00～9.99。完成后，按“系统设定”键进行确认完成参数设置，仪器自动返回到测量状态。

(4) 对仪器进行预热，一般要预热 20 min 左右，以保证测量结果更加稳定。

(5) 按“自动平衡”键，对所有测试通道进行桥路平衡。

(6) 对仪器进行加载并记录测试数据，按“通道切换”键进行通道切换，方便查看各通道数据。

(7) 测试完毕后，应先卸掉荷载，再关闭仪器电源开关。

注意事项：

(1) 在测量状态下，请勿按“自动平衡”键，否则此组测量数据作废，卸载后按“自动平衡”键重新测试。

(2) 在手动测量状态，按下“系统设定”和“自动平衡”键需 3 s 以上方可生效，这是为了防止测试现场有人误操作影响测量数据。

(3) 每次重新开机时间间隔不得少于 10 s，防止显示混乱或通信不正常。

2.3 YJ－4501A 型静态电阻应变仪的使用方法

2.3.1 YJ－4501A 型静态电阻应变仪操作面板

示意图见附图 2-7。

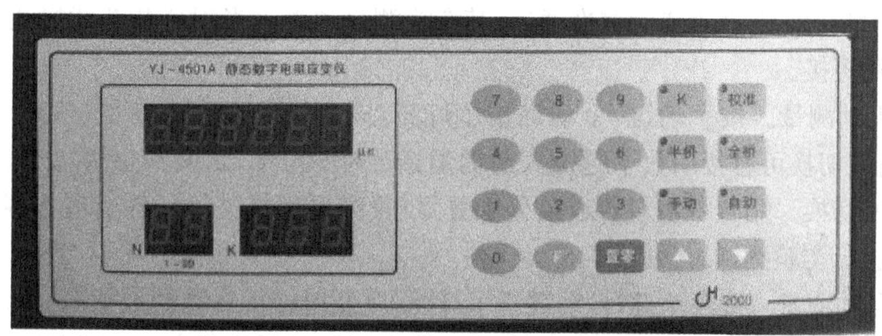

附图 2-7 YJ－4501A 型静态电阻应变仪操作面板

左下显示窗 显示测量通道，00～99，本机 00～12，00 为校准通道；

右下显示窗 显示灵敏系数 K 值；

K 灵敏系数设定键，并伴有指示灯；

校准 校准键，并伴有指示灯；

半桥 半桥工作键，并伴有指示灯；

全桥 全桥工作键，并伴有指示灯；

手动 手动测量键，并伴有指示灯；

自动 自动测量键，并伴有指示灯；

▲ ▼ 上行、下行键；

置零 置零键；

F 功能键；

0 ~ 9 数字键。

2.3.2 使用方法

打开应变仪背面的电源开关，上显示窗显示提示符 nH—JH，且半桥键、手动键指示灯均亮。按数字键 01(或按任一测量通道序号均可，按功能键无效或会出错)，应变仪进入半桥、手动测量状态，左下显示窗显示 01 通道(或显示所按的通道序号)，右下显示窗显示上次关机时的灵敏系数(若出现的是字母和数字，则按下面的灵敏系数 K 设定操作)，上显示窗显示所按通道上的测量电桥的初始值(未接测量电桥，显示的是无规则的数字)。

(1) 灵敏系数 K 设定。在手动测量状态下，按 K 键，K 键指示灯亮，灵敏系数显示窗(右下显示窗)无显示，应变仪进入灵敏系数设定状态。通过数字键键入所需的灵敏系数值后，K 键指示灯自动熄灭，返回手动测量状态；若不需要重新设定 K 值，则再按 K 键，返回手动测量状态，灵敏系数显示窗仍显示原来的 K 值。K 值设定范围 1.0～2.99。

(2) 半桥、全桥选择。根据测量要求，选择按半桥键或全桥键，半桥键或全桥键指示灯亮时，显示相应的工作状态。

(3) 电桥接法。根据测量要求，选择半桥或全桥接法。应变仪后面板见附图 2-8，有 0～12 通道的接线柱，0 通道为校准通道，其余为测量通道。当用公共补偿接线方法时，C 点用短接片短接。

(4) 手动测量。按手动键，手动键指示灯亮，应变仪处于手动测量状态。在该状态下，测量通道切换可直接用数字键键入所需通道号(01 至 12 之间)，也可以通过上行、下行键按顺序切换。用置零键对各通道分别置零(置零可反复进行)，各通道置零后即可按实验要求进行实验测试。

(5) 自动测量。按自动键，自动键指示灯亮，应变仪处于自动测量状态。进入自动测量状态后，先按置零键，仪器按顺序自动对各通道置零，然后进行实验。接着按 F 键，仪器按顺序自动对各通道实验数据进行检测，并自动将检测到的数据储存起来(可存 40 组数据)。若与计算机联机，通过 RS232 接口可将储存的数据传输给计算机。

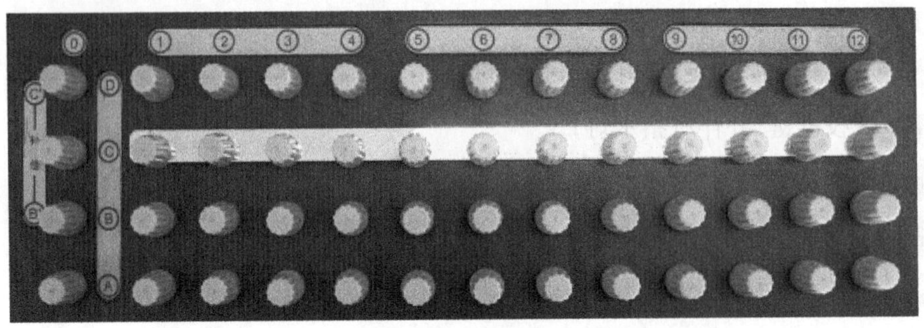

附图 2-8　YJ-4501A 型静态电阻应变仪接线座

参考文献

[1] 刘鸿文. 材料力学：Ⅰ[M]. 7版.北京：高等教育出版社，2024.

[2] 孙训方，方孝淑，关来泰. 材料力学：Ⅰ[M]. 6版. 北京：高等教育出版社，2019.

[3] 国家市场监督管理总局，国家标准化管理委员会. 金属材料 拉伸试验 第1部分：室温试验方法：GB/T 228.1—2021[S]. 北京：中国标准出版社，2021.

[4] 国家质量监督检验检疫总局，中国国家标准化管理委员会. 金属材料 室温扭转试验方法：GB/T 10128—2007[S]. 北京：中国标准出版社，2008.

[5] 国家质量监督检验检疫总局，中国国家标准化管理委员会. 金属材料 室温压缩试验方法：GB/T 7314—2017[S]. 北京：中国标准出版社，2017.

[6] 国家质量监督检验检疫总局，中国国家标准化管理委员会. 数值修约规则与极限数值的表示和判定：GB/T 8170—2008[S]. 北京：中国标准出版社，2009.

[7] 国家质量监督检验检疫总局，中国国家标准化管理委员会. 测量不确定度评定和表示：GB/T 27418—2017[S]. 北京：中国标准出版社，2018.

[8] Sharpe W N. Handbook of experimental solid mechanics[M]. New York，US：Springer，2008.

[9] Sciammarella C A，Sciammarella F M. Experimental mechanics of solids[M]. Hoboken，US：A John Wiley & Sons，2012.

[10] Bhaduri A. Mechanical properties and working of metals and alloys[M]. Boston，US：Springer ，2018.

[11] Gdoutos E E. Experimental mechanics：an introduction[M]. Cham，Switzerland：Springer，2022.